国家社科基金重大招标 课题(07&ZD026) 最终研究成果

干旱区绿洲生态农业现代化研究系列丛书之四

绿洲现代农业节水灌溉技术体系与规程

李万明　范文波　著

中国农业出版社

图书在版编目（CIP）数据

绿洲现代农业节水灌溉技术体系与规程 / 李万明，范文波著．—北京：中国农业出版社，2012.11

ISBN 978-7-109-17325-5

Ⅰ.①绿… Ⅱ.①李… ②范… Ⅲ.①绿洲-农田灌溉-节约用水 Ⅳ.①S275

中国版本图书馆 CIP 数据核字（2012）第 258660 号

中国农业出版社出版

（北京市朝阳区农展馆北路 2 号）

（邮政编码 100125）

责任编辑 闫保荣

中国农业出版社印刷厂印刷 新华书店北京发行所发行

2012 年 12 月第 1 版 2012 年 12 月北京第 1 次印刷

开本：850mm×1168mm 1/32 印张：8.125

字数：220 千字

定价：26.00 元

2007年中央1号文件《中共中央国务院关于积极发展现代农业扎实推进社会主义新农村建设的若干意见》提出，发展现代农业是社会主义新农村建设的首要任务。农业现代化就是改造传统农业、不断发展农村生产力的过程。推进我国现代农业建设，要符合当今世界现代农业发展的一般规律，同时又必须从我国农村、农业、农民的实际出发，顺应我国农村经济发展的客观趋势。基于此，党的“十七大”报告中首次提出“走中国特色农业现代化道路”，并指出：加快现代农业建设，是提高农业综合生产能力的重要举措，是建设社会主义新农村的基础，事关全面建设小康社会大局，必须始终作为全党工作的重中之重。

自然地理生态环境是农业生产与发展的基础。中国西北干旱区是与东部季风区、青藏高原区并列，各具特色、分异明显的三大自然区之一。干旱区生态系统是由山地生态子系统、绿洲生态子系统、荒漠生态子系统三个相互依存、相互制约的系统组成。在“山盆系统”中下部的扇形地带，地势平坦，地下水出漏，地表物质多为颗粒较细的肥沃土壤，这就是天然绿洲，又称绿洲的

“内核”。

“绿洲（oasis）”又称为“沃洲”、“沃野”、“水草田”。“oasis”源自希腊语，指荒漠中能“住”和能“喝”的地方。绿洲土壤肥沃、灌溉条件便利，往往是干旱地区农牧业发达的地方。当人类逐水草而居后，引水灌溉，围绕“内核”呈圈层向外扩展开发，绿洲就演化成了自然、社会、经济和生态的复合系统，称之为“现代绿洲”。绿洲生态子系统内水、土、光、热资源丰富，宜于多种农作物的种植，且各自然要素之间的组合关系较好，具备“两高一优”农业的自然基础。

干旱区绿洲景观是以荒漠为基质，依水分条件发育各种植被生态体系，再叠加人工生态体系，如农耕地、人工林网及人工草场等，构成十分复杂的生态系统景观。绿洲是干旱区人类生存和生产的核心场所，是干旱内流区能流、物流最集中的场所，同时也是干旱区最敏感的部分。西北干旱区包括陕北、甘肃河西、内蒙古西部、青海西北部、宁夏、新疆五省（自治区）面积有304万平方公里，占全国陆地面积的31%，人口占全国的7.2%。特别是新疆国土面积166万平方公里占全国的1/6，人口仅占总人口的1.6%，地域辽阔，人口稀少，矿产、能源资源极为丰富，已成为国家能源、化工及原材料重要基地，也是国家特色农产品基地和粮食安全后备基地。

西北干旱区绿洲是我国绿洲的主要分布区，由于光热水土的特殊组合，形成独具特色的绿洲生态农业，具备了建立优质、高产、高效农业的优越条件。目前绿洲高效农业成为国家特色农产品基地的优势已显现，如新疆优质棉产量占全国的1/3，大面积丰产，小面积超高产的世界纪录都在新疆。同时，西北干旱区绿洲生态农业后备资源极为丰富，新疆人工绿洲占国土面积的5%，是我国农地资源开发的接替区，是解决我国长期内“农业及粮食安全”的希望所在。然而，由于长期不合理的开发利用，造成自然环境恶化，水土流失、土地“三化”现象严重，生态承载能力急剧下降。据统计西北地区冰川面积缩减25%，森林面积减少25%，草地退化60%，沙漠化的面积占国土面积的27.3%，并且每年以2460平方公里的速度推进，盐碱地面积达11万平方公里，次生盐渍化面积占耕地的1/3，低产田占耕地的30%～40%。

党的十七大报告中提出：要加强农业基础地位，走中国特色农业现代化道路，增强农业综合生产能力，确保国家粮食安全。2007年中央1号文件提出发展现代农业是社会主义新农村建设的首要任务。推进现代农业建设，顺应我国经济发展的客观趋势，符合当今世界农业发展的一般规律，是促进农民增加收入的基本途径，是提高农业综合生产能力的重要举措，是建设社会主义新农村的产业基础，也是有效解决绿洲农业问题，实现绿洲农业可持续发展的根本举措。

建设现代农业的过程，就是改造传统农业、不断发展农村生产力的过程，就是转变农业增长方式、促进农业又好又快发展的过程。随着新一轮西部大开发的快速推进，国家对西部的农业开发、资源开发及生态环境恢复与重建的力度在加强，使得西部地区农业发展潜力的优势更加明显。因此，加速实现西部干旱区生态农业现代化步伐，用科学发展观和现代科学技术开发绿洲生态农业，是西部大开发经济与生态协调发展、环境保护与开发并重的战略要求。

鉴于干旱区绿洲农业基本属于冲积扇平原，人均耕地面积大，后备耕地资源丰富，水资源严重不足（农业用水占到90%，农业水利用率仅为36%），不合理的开发模式和无限制的农业用水，导致绿洲危机四伏。我们提出了“干旱区绿洲生态农业现代化模式”。水资源约束是西北地区绿洲耕地扩大的“瓶颈”，因此推广现代节水技术不仅可进一步扩大耕地面积，还可兼顾荒漠生态恢复用水，西北干旱区绿洲农业应该是规模化、机械化的现代农业发展模式；以生物技术充分利用绿洲光热资源提高土地产出率，因为绿洲丰富的光热资源为生物高产和超高产提供了条件和可能，种子和栽培技术突破就可以实现“两高一优”的现代农业目标；以节水技术扩大垦殖面积和运用大型机械提高劳动生产率，实现规模化经营，达到农民增收的目标。“干旱区绿洲生态农业现代化路径”是：必须以绿洲生态农业可持续发展为前提，以农地制度、水权制度、林权制度安排为基础，以发展节水型农业、推广现代节水技术为核心，以推广现代农业机械技术、信息化技术为手段，以规模化经营为组织形式。

本系列丛书包括既独立成章、又密切相关的五本丛书，它们是国家社科基金重大招标项目“干旱区绿洲生态农业现代化模式与路径选择研究”（项目编号：07&ZD026）的系列研究成果。系列丛书与项目研究成果的逻辑关系是：丛书之一《基于生态安全的绿洲生态农业现代化研究》是根据子课题一“干旱区绿洲生态农业与农业现代化”和子课题二“干旱区绿洲生态农业现代化的条件及制约因素分析”研究成果编纂的；丛书之二《干旱区绿洲生态农业现代化模式研究》是子课题三“干旱区绿洲生态农业现代化模式的设计”、子课题六“干旱区绿洲生态农业现代化典型与实证研究”和子课题七“干旱区绿洲生态农业现代化道路对策及政策建议”的研究成果编纂的；丛书之三《绿洲生态农业现代化制度路径研究——以新疆生产建设兵团为例》是在子课题五“干旱区绿洲生态农业现代化的制度安排”研究成果基础上形成的；丛书之四《绿洲现代农业节水灌溉技术体系与规程》；丛书之五《绿洲现代农业机械化技术体系与作业规程》是根据子课题四“干旱区绿洲生态农业现代化技术的选择及集成”的研究内容系统化编写而成的。

李万明

2012年6月10日于石河子大学

干旱缺水是新疆的自然特点。灌溉对农业的意义在新疆表现得尤为突出。在长期的农业生产中，勤劳智慧的新疆人民，创造性地提出了一系列简单、实用、高效的灌溉技术，利用有限的水资源浇灌出一块块极具地方特色的绿洲。细流沟灌、隔沟灌水、膜上灌水、膜下灌水等技术，无不体现了各时期劳动人民的智慧，而且许多技术还继续发挥着作用。随着现代工业的高速发展，农业生产也受到极大提高。新材料新技术不断被应用到农田水利中。如果20世纪80年代，覆膜种植是新疆农业生产中的一次革命，那么，2000年以来大规模的膜下滴灌技术则是新疆农业的又一次革命，而且，产生的效果更加显著，影响更加深远。因此，本书在介绍主要输配水技术和灌溉技术的基础上，总结新疆灌溉技术，可为后来者积累素材。

本书包括七章内容，第一章分析新疆农业生产的自然条件和主要作物水分生理特征；第二章总结灌溉输配水渠道工程和管道工程技术；第三章讲述传统地面灌溉技术和改进后的技术特点；第四章总结现代喷灌、微灌技术；第五章对各种灌溉技术进行综合评价；第六章详细介绍膜下滴灌技术体系；第七章针对主要大田作物提出膜下滴灌技术规程。

本书编写分工如下：第一章杨海梅，第二章吕延波、范文波，第三章范文波、吕廷波，第四章、第五章范文波、吕延波，第六章、第七章李宝珠。全书由范文波、吕廷波统稿。石河子大学李明思教授在百忙中提出宝贵修改意见；李万明教授、汤莉教授在书稿内容安排中提出许多有益建议；在编写本书的过程中，参考并引用了许多学者的论著，在此一并表示感谢。

由于涉及内容广泛和编者学识水平的限制，本书尚存在诸多不完善的地方，敬请各位专家批评指正。

目 录

第一章

绿洲灌溉理论基础

1.1 绿洲自然地理特点及适宜种植的农作物

1.1.1 绿洲自然地理条件

绿洲是指荒漠中水分条件较好、植物生长茂盛的地方，即以年降雨量200～250毫米以上或以下干旱的荒漠、半荒漠系统为背景，茂盛生长绿色植物的一种特殊景观。绿洲区土壤肥沃、灌溉条件便利，多分布在河流、湖沿岸，冲积扇、洪积扇地下水出露的地方，以及有冰雪融水汇聚的山麓地带，是干旱地区农牧业发达的地方。

1. 气候特征 干旱绿洲区的气候特点是降雨稀少，时空分布不均匀。以新疆为例，新疆是我国绿洲面积最大省区，其绿洲面积占全疆耕地的93%左右，属于典型的温带内陆性绿洲。全疆多年年平均降水量仅为147毫米，全年降水主要集中在夏季，约占全年降水量的56%，极易形成春旱。降水的80%～90%分布在天山、阿尔泰山和昆仑山的山区，而广大平原区则干旱少雨。但干旱绿洲区具备丰富的光热资源，内陆绿洲区年平均气温（除山地外）均在10℃以上，≥10℃积温3 500℃左右，日照时数也很丰富，约为2 600～3 000小时。此外，昼夜温差大，一般可达10～20℃以上，为农作物积累有机物质与储存潜能提供了充分的条件。

干旱少雨的气候特点决定了平原区绿洲农业属于灌溉农业，即依靠地表水、地下水、泉水进行灌溉的农业。水是绿洲得以生存和发展的最重要的资源，没有水就没有绿洲及绿洲农业。平原区农业灌溉用水主要由山区积雪融水汇集形成径流并通过各种水利措施和灌溉系统供给，因此水利与灌溉措施是绿洲农业稳定与发展的基础和前提。

2. 水文特征 西北地区高山高原和山前盆地相间的地形特征形成了干旱地带中独具特色的水循环系统，形成彼此不相连的流域。每个流域都有自己的径流形成区、径流消耗区。内陆河上游山区为径流形成区，海拔较高而基本没有人类活动，径流沿程加大。出山口以下为平原区，降水稀少，大部分地区基本不产流，属于径流消耗区。径流出山口后以地表水与地下水两种形式相互转换，其间不断蒸散发和渗漏，最终消失。平原盆地上中游的沿河两岸，属于径流消耗区和地表水、地下水转化区，50%以上的出山口径流支撑起人工绿洲区农业、工业和生活用水；在平原盆地的下游和人工绿洲系统周边地带，属于径流的排泄、积累和蒸散发区，水资源养育着天然绿洲、内陆河尾闾湖及湿地。

由于地形特征变化引起的河流沿程径流特点的改变，使绿洲农业分布呈现出非地带性特征。出山口至平原盆地的上、中游，水量较为充足，借助于较为完备的水利和灌溉设施，灌溉农业的发展较迅速，使这一区域成为人工绿洲经济发展的中心。而河流的下游的来水量由于受到河流上、中用水量的限制，绿洲农业的稳定性受到影响，成为绿洲经济发展的外部圈层。

3. 植被特征 干旱内陆河流域出山口到平原地带，由于沿程水热条件的差异，造成植被沿程分布的不同，呈现出明显的非地带性分布。一般河流两岸、泉水溢出带和绿洲内外的湿地，分布着苦豆子、芦苇、芨芨草、骆驼刺等为主要植物类型的平原草甸植被。在绿洲外围或河流两岸较远的地区，由于地下水位埋藏逐渐加深，生长着荒漠河岸林、灌木林及荒漠植被，如胡杨、柽柳、沙枣和梭梭等。

在冲积扇的下部及冲积平原的上部，由于人类活动的影响，植被呈现出强烈的人工干扰景象，以灌溉的农作物、林果和防护林为主。冲积平原下部和绿洲外围，则以自然植被为主。

4. 土壤特征　植被和地理条件是土壤类型与分布的决定因素。内陆区土壤具有非地带性特征，土壤类型随地表水流向呈现自上而下的规律性变化，古老冲积扇上部一般分布有地带性的荒漠灰钙土和灰漠土，自扇缘溢出带以下，土壤迅速由草甸土或沼泽土演替为盐化草甸土，并最终出现典型盐土。在农作区，由于长期灌溉形成灌溉荒漠灰钙土、灌溉草甸土。

1.1.2　绿洲适宜种植的农作物

由于干旱绿洲区特殊的自然地理条件，适宜种植的农作物种类也各具特色。新疆属于干旱内陆绿洲，光热资源丰富，夏季光照时间充足，强度大，地面开阔对作物生长有良好的作用。典型作物如棉花。另外，由于绿洲处于戈壁、荒漠版块中，昼夜温差大，增温效应明显，有利于瓜果的着色和糖分积累。典型的瓜果有西瓜、葡萄、红枣等。内陆绿洲区利用自身的优势，借助于多种水利设施，并结合各种灌溉技术和农艺措施，使绿洲灌溉农业发展趋向成熟。

1.2　作物水分生理

1.2.1　作物体内水分状况及其生理作用

任何生长着的作物都含有大量的水分，其含水量的多少随作物的种类、器官以及生育阶段的不同而异。一般禾谷类作物的含水量约为鲜重的60%～80%；而块茎作物和蔬菜的含水量多达90%左右。就同一作物而言，通常生命活动愈旺盛的器官或部位，其含水量也愈高。随着这些器官的衰老，含水量逐渐降低。成熟种子的含水量一般降低至10%～15%，因而其生命活动十分微弱。

作物体内的水分，按存在状态的不同，可分为束缚水和自由水两种。束缚水是细胞中靠近胶粒，受胶束缚而不易移动的水分。自由水则是离胶粒较远，不受束缚而能够自由移动的水分。自由水参与各种代谢作用，它的数量制约着作物的代谢强度，如光合强度、蒸腾强度、呼吸强度和生长速度等。自由水占总含水量的百分比越大，则代谢越旺盛。束缚水不参与代谢作用，但其含量的多少与作物的抗性有密切关系。即束缚水含量与自由水含量的比率（通常4～5∶95～96）增高时，作物的抗寒、抗旱能力增强。因此，作物自由水和束缚水的含量及其比率是反映水分生理状况的一项重要指标。

水分在作物生理中的主要作用是：①细胞原生质的重要成分；②光合作用的重要原料；③一切生化反应的介质；④溶解和输送养分；⑤保持作物体的紧张度。

1.2.2 作物对水的吸收

1. 作物细胞的吸水 作物的吸水是通过细胞来完成的。作物细胞未形成液泡以前，主要靠细胞内胶体物质的吸胀作用进行吸水。如干燥种子和根尖分生组织细胞，都是靠吸胀作用而得到水分的。当细胞形成液泡之后，主要靠渗透吸水，即通过渗透作用从外界吸取水分。渗透吸水是作物吸水的主要方式。

（1）渗透作用。渗透作用是扩散作用的一种特殊形式，即溶剂分子通过半透性膜的扩散作用。半透性膜是可透过溶剂分子而限制溶质分子透过的膜，又称为区别透性膜或选择性膜（如火棉胶袋、动物膀胱膜和植物细胞原生质膜等）。在长颈漏斗下端装一个半透性膜，内盛糖液，再将漏斗置于盛有蒸馏水的烧杯中，由于水很容易透过半透性膜，糖及其他溶质难于透过半透性膜，而漏斗中的溶液有一定的浓度，所以烧杯中的水就进入漏斗而使溶液上升，直至溶液上升到一定的高度后才停止上升，这种现象就称为渗透作用。

渗透作用的产生是由于半透性膜内外的水势差所引起的，渗透作用也就是水从水势高处通过半透性膜向水势低处移动的现象。

（2）作物细胞渗透系统。作物的细胞壁主要是由纤维素分子组成的，是一种水和溶质都可以透过的全透膜。而整个原生质层（包括原生质膜、中质和液泡膜），则相当于一个相对的半透性膜。液泡里的泡液含有许多溶解的物质，具有一定的水势。当外液浓度低于细胞液浓度时，水分渗入细胞，称为内渗，反之，液泡中的水分会渗到外液中，称为外渗。

外渗使液泡失水而体积缩小，包在外面的原生质也随之收缩。如果细胞继续失水，因原生质的收缩性比细胞壁的收缩性大，结果使原生质与细胞壁分离，这称为质壁分离。在质壁分离时，若增加外液中的水分使其转为内渗，则液泡体积逐渐增大，原生质又逐渐紧贴细胞壁，这称为质壁复合。质壁分离和质壁复合的现象，说明作物细胞是一个渗透系统。

（3）细胞的水势。细胞的吸水情况决定于细胞的水势。已形成液泡的细胞水势主要由两个分势组成（如图1-1所示），即：

$$\psi_t = \psi_s + \psi_p \qquad \text{式（1-1）}$$

式中：ψ_t——细胞的总水势；

ψ_s——渗透势；

ψ_p——压力势。

渗透势亦称为溶质势，呈负值。溶液的渗透势决定于溶液中溶质颗粒（分子或离子）的总数。作物细胞的渗透势值因内外条件不同而异。一般温带生长的大多数作物叶组织的渗透势为－1～－2兆帕，而旱生植物叶组织的渗透势可低至－10兆帕左右。渗透势的日变化和季变化也较大，凡影响细胞液浓度的外

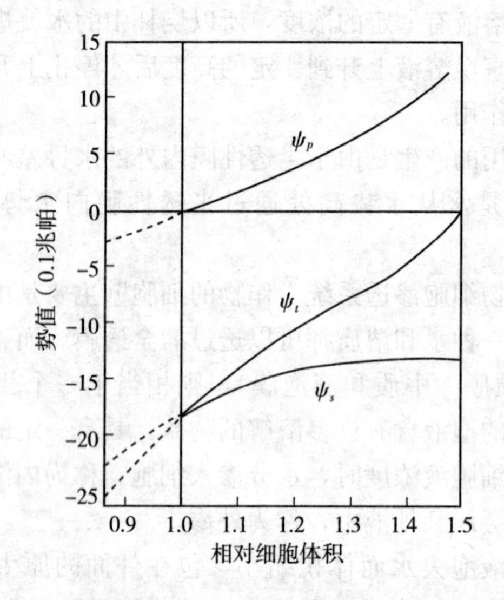

图 1－1　细胞总水势、渗透势、压力势与细胞体积之间相互关系的图解

界条件，都能影响渗透势的变化。

压力势是细胞壁伸缩性对细胞内容物产生的静水压力，是由于细胞壁伸缩性有限，当细胞吸水膨胀时，细胞壁受膨压作用而产生的反压力。膨压和压力势是作用方向相反、大小相等的两种力。压力势往往是正值。特殊情况下，压力势会等于零或负值。例如细胞质壁分离时压力势为零，剧烈蒸腾时，导管的压力势会呈负值。

细胞含水量不同时，细胞体积会发生变化，渗透势和压力势也发生变化，图 1－1 说明细胞水势、渗透势和压力势三者随细胞体积不同而变化的情况。

相邻的细胞间水分移动的方向和速度，均取决于两细胞水势的高低，水势高的细胞中的水向水势低的细胞方向移动。两细胞间的水势差越大，则移动速度越快。

当一些细胞相连时，如果一端的水势高，另一端的水势低，依次下降，就形成了一个水势梯度（water potential gradient），水分便由水势高处流向水势低处。作物各器官之间水分流动的方向也是如此。

不同的细胞或组织的水势变化很大。在同一植株中，地上部分的细胞水势比根部低，叶片水势随着距离地面的高度的增加而降低。叶片中离主脉愈远，水势也愈低。在根中则内部低于外部。土壤或大气湿度小，光线强，都会使细胞水势降低。细胞水势的高低，可以说明作物水分是否充足，故可利用水势作为作物是否需要灌溉的指标。

2. 作物根系的吸水　作物的叶片虽能吸水，但数量有限。作物为了获得大量的水分，大都通过根系从土壤中吸收。根系也不是全部都能吸水，吸水主要在根尖部位进行。其中以根毛区的吸水能力最强，根冠、分生区和伸长区吸水能力较弱。由于根系吸水主要在根尖部位进行，所以农田灌水应考虑作物大部分根尖的深度。

（1）根系吸水的动力。根系吸水有两种方式，即根压和蒸腾拉力。根压是由于根系的生理活动使液流从根部上升的压力。根压把根部的水压到地表部位，土壤中的水便补充到根部，这就形成根系的吸水过程。如将一株生长健壮的作物，在其近地面处切断，切口就会有水液流出，这种现象称为伤流。如果在切口处套上橡皮管，并与压力计相连（如图1-2所示），则可以测出伤流所产生的压力，即根压。

在潮湿的天气，太阳未升起时，叶面蒸腾尚未进行，一些作物幼苗的叶子尖端出现水珠的现象称为吐水。吐水也是由于根压所引起的。在春季的清晨，稻田中秧苗呈现吐水现象是秧苗茁壮的标志。

之所以产生根压，一般用渗透理论来解释。根压是土壤水分充足和蒸腾作用弱时作物吸水的主要动力。各种作物的根压大小

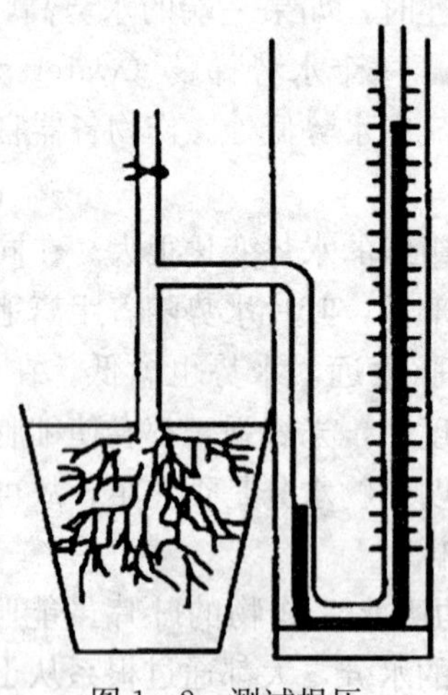

图 1-2　测试根压

不同，大多不超过 0.1～0.2 兆帕。

由蒸腾失水而产生拉力所引起的根部被动吸水称为蒸腾拉力。蒸腾拉力是蒸腾旺盛时根系吸水的主要动力。大田作物绝大部分的水是靠这种动力来吸收的。

(2) 根系吸水速率及其影响因素。作物根系的吸水速率，主要取决于根系本身的生长状况和土壤状况。

作物根系愈发达，特别是幼嫩的根愈多时，其活性根表面积愈大。在根细胞液和土壤溶液之间一般具有一定的水势差，足够根系从湿润土壤中吸取大部分毛管水。某些作物在一定范围内能进一步增加其本身与土壤溶液的水势差，以获得更多的水。当根周围可利用的水耗尽后，作物通过根的生长扩大根系的活性吸收表面追逐土壤中的水分以继续吸水。

影响根系吸水的外界因素主要是土水势、土壤通气状况和土壤温度等。当土壤含水量减少时土水势下降，使土水势与根水势之差变小，土壤有效水减少，根系吸水减慢。当土壤含水量减少到凋萎系数时，土水势与根水势相近或相等（均为－1.5 兆帕左右），根系吸水很困难，不能维持叶片细胞的紧张度，就会出现永久凋萎。一般土壤的溶液浓度低，其溶质势对土水势的影响不大。而盐碱土或施用化肥过多时，可使土水势大大降低，甚至达－10兆帕左右，使作物吸水很困难。

根系呼吸需要氧的供应，试验表明，土壤缺氧和二氧化碳浓度过高，可使细胞呼吸减弱，影响根压，从而阻碍吸水。作物受涝时，土壤空气缺乏，根系吸水困难。

在一定的温度范围内，土温和水温增高，可以促进根系吸水。温度降低时，根系吸水减少。实践证明，急剧降温会严重抑制根系吸水。如棉花、小白菜等喜温作物，如果在炎热的夏季，中午突然遇雨或灌水（特别是低温水）时，会因土温骤降，致使根系吸水力大大降低，从而引起凋萎，严重时甚至死亡。所以，应避免在炎热的中午对作物进行灌溉。土壤温度过高时对作物吸水也不利。因高温会加速根的老化过程，使木质化部位几乎达到根尖，减少了吸水面积，吸水速度也就明显下降。

1.2.3　作物水分的散失——蒸腾

蒸腾是指作物体内的水分通过作物体表面（主要是叶面）以气体状态散失到体外去的过程。蒸腾与物理学上的蒸发有所不同，因为蒸腾过程受作物结构和气孔运动的调节，比一般物理过程要复杂得多，它是一种复杂的综合性的生理过程。

1. 蒸腾作用的生理意义　根据试验，作物吸收1 000克水只能形成3～4克干物质。这样大量水分的散失，是作物适应陆地生活的结果，并具有一定的生理意义。

首先，蒸腾是作物吸收和输导水分的主要动力。特别是高大的作物，如果没有蒸腾作用产生蒸腾拉力，植株的较高部分就难以获得水分；其次，蒸腾能促进作物体对矿物质元素的吸收和输导，使之迅速地分布到各部位去；其三，因为蒸腾1克水（20℃时）需要消耗2 449焦的热能，所以蒸腾作用能降低植株温度，避免作物体在阳光照射时体温过高而被灼伤。

2. 蒸腾作用的表示方法 蒸腾作用的强弱是作物水分代谢的一个重要生理标志。常用的表示蒸腾作用量的指标有以下三种。

(1) 蒸腾强度。单位时间单位叶面积(或单位重量)蒸腾散失的水量，又称蒸腾速率，一般用克/(米^2·小时)或克/(100克·小时)表示。大多数农作物的蒸腾强度，白天为15～250克/(米^2·小时)，晚上为1～20克/(米^2·小时)。

(2) 蒸腾系数。作物每形成1克干物质所需蒸腾耗水的克数，是一个比值。一般作物的蒸腾系数在125～1 000之间。蒸腾系数大，消耗水分多，表示作物利用水的效率低。

(3) 蒸腾效率。作物蒸腾耗水1 000克所形成的干物质克数，也是一个比值。一般作物的蒸腾效率为1～8。蒸腾效率愈高，表示作物制造干物质愈多，水分利用愈经济。

3. 蒸腾途径

(1) 蒸腾的途径。当作物幼小时，暴露在地面上的所有表面都能蒸腾，作物长大以后，茎枝上形成木栓层而阻碍蒸腾。作物的蒸腾主要是在叶片上进行的，叶面蒸腾有角质蒸腾和气孔蒸腾两种。气孔蒸腾是作物蒸腾的主要途径。

(2) 气孔的分布。气孔是分布在叶面的微小孔隙，其数目和分布情况随作物种类而有很大差异。一般1毫米^{2}叶面上有50～500个气孔；当气孔完全开放时，其总面积只占叶子总面积的1%左右，但其蒸腾量却可达与叶面积相同的自由水面蒸发量的50%。

(3) 气孔的开闭。气孔是蒸腾过程中水汽从体内排向体外的主要出口，也是光合作用吸收空气中CO_2的主要入口。气孔最重要的一个特性是能够张开和关闭，掌握其开闭的运动规律，就能调节作物的蒸腾作用和光合作用。

(4) 影响气孔运动的因素。凡是影响光合作用和叶子水分状况的外界因素，都会影响气孔的运动。光是影响气孔运动的主要因素。在供水良好、温度适宜时，多数作物的气孔是在光下张开，在黑暗中关闭的。不同作物气孔张开所要求的光强不同，某些作物（如烟草）要求很低，而大多数作物则要求较高，只有在接近完全日照时才能完全张开。

温度对气孔开闭有一定的影响。气孔开度一般随温度升高而增大，在30℃左右达最大开度，35℃以上反使气孔开度变小。低温下（如低于10℃）虽长期光照，气孔也不能很好地张开。

CO_2 对气孔运动有显著影响。较低浓度的 CO_2 促使气孔张开，较高浓度的 CO_2 能诱导气孔关闭。

叶片含水量也能影响气孔运动。当雨后叶片被水饱和时，表皮细胞含水量高，体积增大，保卫细胞受挤压而致气孔关闭。当晴后叶片水分饱和度下降时，表皮细胞体积减小，气孔才能张开。

气孔开闭受多种因素影响，其运动机理十分复杂。在一般温暖晴朗的天气里，大多数作物气孔运动的规律是早晨开放，上午开得最大，中午略闭，日落时关闭。

作物的气孔开闭应尽可能适当，以保证光合作用和蒸腾作用的正常进行。近年来有不少学者在研究气孔开闭的化学调节，即利用化学药剂来调节气孔的开闭，以便解决光合作用与失水的矛盾，从而达到增产和省水的目的。

4. 影响蒸腾作用的因素　蒸腾作用是复杂的生理过程，它既受作物本身形态结构和生理状况的制约，又受外界条件的影响。如作物根系生长的情况，叶肉细胞间隙的大小（间隙大，蒸腾强）、叶色深浅（色深易热、蒸腾强）、气孔频度及开张度、叶面角质层厚薄等都会直接影响蒸腾的强弱。下面简要介绍外界环境条件对蒸腾的影响。

（1）大气湿度。作物叶子内气孔下腔的湿度一般总是接近饱和状态，而大气比较干燥，形成蒸汽压差。因此，水分必然由叶表面向大气扩散。大气湿度愈小，则蒸汽压差愈大，蒸腾作用就愈强烈。

(2) 温度。在一定范围内，温度升高，蒸腾加强。因为当温度升高时，会加速水分的汽化，并使气孔腔内蒸汽压的增加大于外界蒸汽压的增加，使叶面与大气之间的水汽压梯度加大，故蒸腾加强。

(3) 光照。光照能促使气孔张开，减少内部阻力，并能提高叶温（在光照下，叶温一般比气温高2～5℃），加速水分子扩散，从而加强蒸腾。

(4) 风。微风可带走聚集在叶面上的水汽，故有加强蒸腾的作用。但强风反而会降低蒸腾，这可能是由于强风能降低叶温，并使气孔关闭所致。

(5) 土壤条件。作物地上部分蒸腾与根系吸水有密切关系，凡是影响根系吸水的各种土壤条件，如土壤含水量、土壤温度、土壤通气状况、土壤溶液浓度和施肥量等均可影响蒸腾。

影响蒸腾作用的各种因素也是互相影响的。例如大气湿度直接影响蒸腾速度，而温度可以影响湿度，光又可以影响温度，风可以影响温度和湿度，它们相互联系，共同作用于作物体，从而对蒸腾产生综合的影响。

蒸腾作用的季节变化曲线大致与作物生长和叶面积系数的发展曲线相平行。

1.2.4 作物的水分平衡

作物对水分的吸收输导和散失，也就是作物水分的主要代谢过程。只有根系吸水和蒸腾失水经常协调，并保持适当的水分平衡，作物才能生长发育良好。作物在长期的进化过程和人工培育中，形成了一定的调节水分吸收和消耗而维持其水分适当平衡的能力，但这种能力是有限的，因而作物的水分平衡只是相对的。在各种外界因素的影响下，作物往往在短时间或长时间处于水分不平衡的态势。例如当土壤水分亏缺或大气干旱，蒸腾大于吸水，作物体内水分不足，就会影响其正常的生长发育甚至旱死。在低洼易涝和过多降雨或灌水等条件下，农田水分过多，根系吸水功能受阻，体内水分平衡被破坏，作物生长困难，甚至遭渍、涝灾害致死。所以搞好农田水利设施建设并合理灌溉、排水等是维持作物适当的水分平衡，争取稳产高产的重要保证。

1.2.5　绿洲主要作物水分生理特性

1. 棉花　简称棉。锦葵科棉属，是唯一由种子生产纤维的农作物。棉花原产于高温、干旱、短日照的热带和亚热带的荒漠草原，是多年生的亚灌木或小乔木。经过人类长期栽培驯化，才逐步成为栽培的一年生作物。但棉花在一定程度上仍保留了原有的喜温好光，根深棵壮，再生能力强，无限生长这样一些特性。原有的短日照习性被改造成中间型，使其分布更广泛。

棉花为根深、叶茂、分枝多、开花期长的大株作物。直根系；主根深达2米左右，加上侧根和众多的根毛组成发达的圆锥根系，具有耐旱、抗倒、耐盐碱特性。对气候、土壤具有广泛的适应性，但不耐水渍。研究表明，在耕作层含水量下降到8%～12%时，棉花仍能存活；土壤含盐量在0.3%以下，棉花能正常出苗和生长发育。在苗期和蕾期，主根的生长速度显著超过茎秆生长，且侧根和根毛的再生力很强，是根系吸收能力最盛时期。

2. 水稻　水稻原产于热带亚热带的沼泽地区，在长期的系统发育过程中，形成了不同于旱作物的喜水耐湿特性。

水稻植株细胞内的原生质较少，液泡小，因而含水较少，容易脱水受害；同时，稻叶细胞吸水力弱，根系在淹水条件下几乎不长根毛。因此，必须水分充足，才能保证根系吸水，满足叶片和其他部位正常生理活动的需要。这是水稻喜水的生理原因。

水稻植株体内细胞间有较大的间隙相连，形成一个完整的通气系统。光合作用产生的氧气可以通过这个系统从叶部输送到根部供根系呼吸，并通过根系向外部放出氧气，形成一定的氧化圈，局部改善根系所处的缺氧环境；同时，稻根的外皮层与旱作物不同，有着高度木栓化的结构，以阻止土壤中还原物质进入细胞。所以水稻具有较强的耐湿能力，能在长期淹水的稻田中生长。

3. 番茄 番茄属于茄科草本植物，具有喜温、喜光、耐肥及半耐旱特性。番茄的根系比较地发达，分布广而深。主根深入土中能达 1.5 米以上，根系开展幅度可达 2.5 米左右，大部分根群分布在 30～50 厘米的土层中。

番茄茎叶繁茂需水多，但由于其根系发达吸水能力强，属半耐旱作物，不同生育期对水分要求不同。水分少，土壤干旱影响其正常生长发育。浇水过多地温不易升高，影响根系的发育及养分的吸收，甚至烂根死秧，增加空气相对湿度导致病害发生。所以要根据番茄各个生长发育时期不同的需水特点灵活掌握。

4. 葡萄 葡萄属葡萄科植物，为多年生木本藤蔓植物。葡萄是喜光植物，对光的要求较高，光照时数长短对葡萄生长发育、产量和品质有很大影响。温度（热量）是影响葡萄生长和结果最重要的气象因素。葡萄属暖温带植物，要求相当多的热量。葡萄生长期（从明芽至浆果成熟）需要的月平均气温在 10℃ 以上的活动积温、因品种不同而存在差异。根干和其上分生出的各级侧根组成骨干根，而着生在各级侧根上的小细根是葡萄幼根，所以葡萄的耐旱性、耐盐碱性和耐涝性远远强于苹果、梨、桃等果树。水分胁迫现象对葡萄表现十分显著。

5. 红枣 红枣，又名大枣。自古以来就被列为“五果”（桃、李、梅、杏、枣）之一。红枣为温带作物，适应性强。红枣素有“铁杆庄稼”之称，具有耐旱、耐涝的特性，是发展节水型林果业的首选良种。

1.3 主要农作物田间需水特性及田间管理

作物需水量是指作物在适宜的外界环境条件下（包括对土壤水分、肥料的充分供应），正常生长发育达到或接近达到该作物品种的最高产量水平所消耗的水量。这种消耗是整个生长期中的叶面蒸腾和棵间的土面蒸发之和，对于水田则是叶面蒸腾与棵间水面蒸发以及田间的深层渗漏之和。

不同作物因为所属的种类、所处的自然地理条件不同，作物的田间需水量不同。而同一种作物，生长期不同，生育期不同，田间需水量也不同。人们在农业生产实践中，应根据作物的需水规律采取相应的管理措施，以便达到稳产、丰产的效果。

1.3.1 作物的田间需水量

1. 作物田间需水量的组成 作物田间耗水通过三种途径：叶面蒸腾、棵间蒸发和深层渗漏（仅对水田而言）。叶面蒸腾是指作物植株内水分通过叶面气孔散发到大气中的现象。棵间蒸发是指植株间土壤或水面（水稻田）的水分蒸发。深层渗漏包括田面水层渗漏和田埂渗漏两部分，但在水田面积较大的情况下，田埂渗漏的水量只是从一个格田进入另一个格田，对整个灌水地段来说水量并无损耗，一般可忽略不计。

植株的蒸腾是物理作用与生理作用的综合过程。物理作用是指蒸发面的液体扩散及其在上空的气体紊流过程；生理作用是指植物根系吸水、体内输水和叶面气孔开闭等过程，它与气象条件有关，也与非气象条件有关。株间蒸发则是作物植株之间土壤（旱田）或水田的蒸发，它是主要受气象条件的影响而变化的物理现象。当人们为了提高作物产量而改变作物生活的外界条件时，不仅会影响到植株蒸腾，而且也影响到田间小气候及棵间蒸发量。

2. 作物田间需水量的意义 棵间蒸发能增加地面附近空气的湿度，对作物生长环境有利，但大部分是无益的消耗，因此在缺水地区或干旱季节应尽量采取措施，减少棵间蒸发［如滴灌（局部灌溉）、水田不建立水层］和地面覆盖等措施。深层渗漏是指土壤水分超过了田间持水率而向根系以下土层产生渗漏的现象。深层渗漏对旱田是无益的，会浪费水源，流失养分，地下水含盐较多的地区，易形成次生盐碱化。但对水稻来说，适当的深层渗漏是有益的，可增加根部氧分，消除有毒物质，促进根系生长，常熟、沙河、涟水等灌溉试验站结果都表明：有渗漏的水稻产量比无渗漏的水稻产量高3.9％～26.5％。由于水田不同，土壤渗漏量大小差别很大，为了使不同土质田块水稻需水具有可比性，因此水稻的田间需水量不包括渗漏量，如计入渗漏量，则称为田间耗水量。

1.3.2 作物田间需水特性

作物田间需水量的影响因素，归纳起来有四个主要方面：气象方面有日照、温度、空气的相对湿度、风等；作物方面有种类、品种、生长期长短等；土壤方面有质地、颜色、肥力、水分等；农业技术方面有种植密度、耕作、施肥、中耕等。掌握作物需水量的影响因素，有利于因地制宜、因物制宜地采取各项措施调节和改变作物需水量，从而实现高效用水和丰产的目的。

1. 影响作物需水量的因素

（1）气象因素。气象因素是影响作物需水量的主要因素，不仅影响蒸腾速度，也直接影响作物生长发育。光照是影响蒸腾的重要因素，因为光照提高大气和叶面温度，又能促使气孔开放，减少内部阻力，使蒸腾加快。空气相对湿度低，对蒸发的水汽扩散阻力小，扩散就快。气温高、日照时间长、空气湿度低、风速大、气压低等使需水量增加。

（2）土壤条件。土壤因素也影响作物需水量的多少，如土壤质地不同，其所保持水分能力也不同。砂土持水力弱，蒸发较快，因此，在砂土、砂壤土上的作物需水量就大。土壤颜色的深浅也影响作物需水量。颜色为黑褐色的吸热较多，其蒸发较多，而颜色较浅的黄白色反射较强，蒸发相对较少。当土壤水分含量多时，棵间蒸发就多，作物需水量则大；相反，土壤含水少时，蒸发相对较少，作物需水量也少。

（3）作物种类与品种。不同作物生理结构不同，水分利用效率不同，造成田间需水量不同。实践发现 C_3 作物比 C_4 作物在光合作用过程中水分利用效率低，所以需水量大。例如水稻需水量较大，高粱、薯类需水量较少。

（4）农业技术措施。农业栽培技术的高低直接影响到水量消耗的速度。粗放的农业栽培技术，增加土壤水分无效消耗。灌水后适时耕耙保墒和中耕松土，是土壤表面有一个疏松层，可以减少水量消耗。此外，地面覆盖、采用滴灌、水稻控灌技术等措施也能减少作物需水量。

（5）产量。根据近年来研究试验成果来看，作物产量是各种因子同时作用的结果，只有当水量是限制因子时，增加供水量才能增产；如果是其他因子限制产量增加，盲目增加供水量，反而会招致减产。这不仅表现在产量与水量的绝对量上，更明显地表现在每千克籽粒所消耗的水量上。

2. 作物需水特性

（1）中间多，两头少，开花结实期需水量最大。作物在全生育期内的不同时段（或发育阶段）消耗的水量是不同的。作物生长初期，主要是以棵间蒸发为主，田间需水量较少，到作物生长盛期，田面几乎全部被覆盖，这时是以叶面蒸腾为主，田间需水量达到最大值；以后随着作物接近成熟衰老，枝叶枯落，田间需水量又逐渐减少。作物在整个生育期需水呈现出中间多，两头少的特性。以棉花为例，棉花的生育期长，枝多叶大，蒸腾系数大，需水较多。每生产 1 千克干物质，约耗水 300～1 000 千克，高于一般旱地作物的需水量。苗期需水较少，蕾期需水逐渐增多，到盛花期需水最多，吐絮后又日趋减少。一般从现蕾到吐絮阶段的耗水量约占全生育期总耗水量的60%～85%，而苗期和吐絮后约占总耗水量的15%～40%。

（2）存在需水临界期。作物任何生育期（或阶段）缺水，都会对作物的生长发育产生不良影响，但不同生育时期作物对缺水的敏感程度不同。通常把作物在整个生育期中对缺水最敏感、需水最迫切以致对产量影响最大的生育期，称为需水临界期或需水关键期。各种作物需水临界期不完全相同。如水稻的需水临界期是孕穗至开花期，棉花的需水临界期是开花至幼铃形成期，而小麦的需水临界期是拔节至灌浆期。了解作物需水临界期的意义，一方面便于合理安排作物布局，使用水不至过分集中；另一方面在干旱情况下，可以先灌溉正处需水临界期的作物，不至于影响到种植作物的产量。

1.3.3 主要作物的水肥田间管理

1. 棉花的田间管理 棉花从播种到收花结束，叫大田生长期。时间长短视无霜期和种植制度而定，一般200天左右。从出苗期到吐絮期所经历的时间叫生育期。一般中熟陆地棉品种为126～135天，早熟陆地棉品种为105～115天。根据棉花生长发育过程中不同器官的形成及其生育特点，把棉花的一生划分为以下五个生育阶段，每个阶段的田间管理侧重点有所不同。

（1）播种出苗期。指从播种到出苗所经历的时间。北方棉区露地直播春棉一般4月中、下旬播种，4月底至5月初出苗，需经历10～15天；夏播棉5月中、下旬播种，5～7天后出苗。该阶段主要是要满足种子萌发出苗对环境条件的要求，主要影响因素为土壤的温度、墒情和通气状况，在北方棉区尤以春季低温和干旱是主要限制因子。

（2）苗期。棉花从出苗到现蕾所经历的时间为苗期。直播春棉从4月底、5月初至6月上、中旬，历时40～45天；夏棉一般5月底全苗，经历25～28天现蕾。

棉花苗期是以长根、茎、叶为主的营养生长阶段。影响棉苗生长的外在因素：①温度。北方春棉棉花苗期气温偏低，并有寒流侵袭。幼苗抗逆性差，低温导致病苗、死苗和弱苗晚发。②光照。如遇连阴多雨天气，间、定苗不及时或受间作套种作物的遮阳影响，均易因光照不良形成高脚弱苗，推迟现蕾。③肥料。该阶段棉株需肥量少，但对肥料反应十分敏感。缺氮抑制营养生长，影响花芽分化，延迟现蕾；缺磷抑制根系生长发育；缺钾光合作用减弱，容易感病。肥料过多，特别是氮肥过多，容易引起地上部旺长，花芽分化延迟。④水分。棉花苗期需水量少，土壤含水量以保持田间持水量的55%～65%为宜。这一时期土壤水分略少一些，有利于扎根，促进壮苗早发。

苗期田间管理主攻方向：以增温保墒为中心，力争全苗，培育壮苗，促苗早发。此阶段的需水量占全生长期总需水量的15%以下，0～40厘米土层含水量占田间持水量的55%～70%为宜。

（3）蕾期。棉花从现蕾到开花称为蕾期。春棉一般在6月上、中旬现蕾，7月上、中旬开花；夏棉6月中、下旬现蕾，7月20日前后开花，历时25～30天。棉花现蕾后进入营养生长与生殖生长并进时期。蕾期棉株根系迅速扩展，吸收能力提高；叶面积增长加快，光合生产力提高；干物质积累迅速增加，约占一生总积累量的13%～16%。此时，若氮肥供应过多，会使营养生长过旺，导致开花后中、下部蕾铃大量脱落。若肥水供应不足，棉株生长缓慢，影响营养体的扩大和光合产物的积累，搭不起丰产架子，且容易早衰。

蕾期棉田管理主攻方向：以肥、水管理为中心，协调营养生长与生殖生长的矛盾，实现壮株稳长。此外，棉花现蕾以后，气温逐渐升高，棉花生育加快，土壤蒸发量也随之增加，需水量也逐渐加大。此阶段的需水量占全生长期总需水量的12%～20%，0～60厘米土层内保持田间持水量的60%～70%为宜。

（4）花铃期。从开花到吐絮称为花铃期。一般从7月上旬、中旬至8月底、9月上旬，历时50～60天。花铃期又可分为初花期和盛花期。初花期约经历15天。初花期是棉花一生中营养生长最快的时期，生殖生长明显加快。全株仍以营养生长为主。进入盛花期后，生殖生长开始占优势，运向生殖器官的营养物质日渐增多。此时生殖生长主要表现为大量开花结铃。叶面积指数、干物质积累量均达到高峰期。此期是营养生长和生殖生长，个体与群体矛盾集中的时期，亦是蕾铃脱落的高峰期。因而，该阶段是减少蕾铃脱落，增结优质铃的关键时期。

花铃期棉田管理的主攻方向：以肥水为中心，辅之以整枝、化调，调节好棉株生长发育与外界环境条件的关系，协调个体与群体、营养生长与生殖生长的关系，实现少脱落、多结铃、防早衰的目的。棉花开花以后，气温高，棉株生长旺盛，叶面积指数和根系吸收能力都达到高峰，需水量最大，而且主要耗水是由植株蒸腾所造成的，因此，此期缺水对棉花生长发育以及产量形成影响最大，为需水关键期。此阶段的需水量占总需水量的45%～65%，0～80厘米土层内土壤水分以保持在田间持水量的70%～80%为宜。

（5）吐絮期。从吐絮到收花结束称为吐絮期。春棉一般从8月底、9月上旬至10月中下旬，历时60天左右。夏棉一般9月中旬吐絮，10月20日前后收花结束，历时30～40天。进入吐絮期，棉株营养生长逐渐停止。随时间的推移，棉铃由下向上、由内向外逐步充实、成熟、吐絮，根系的吸收能力渐趋衰退，棉株体内有机营养近90%供棉铃发育，是铃重增加的关键时期。

吐絮期棉田管理的主攻方向：力争棉铃充分成熟，提高铃重，改善品质。因此要保根、保叶，维持根系一定的吸收能力，延长叶片功能期，以提供棉铃增大和充实所需的有机营养，实现早熟、不早衰。同时，控制肥水的应用，防止棉株贪青晚熟。此阶段由于气温下降，叶面蒸腾减弱，需水量逐渐减少。此阶段的需水量占总需水量的10%～20%，土壤水分保持在田间持水量的65%为宜。

2. 水稻的田间管理 水稻的生育期分为幼苗期包括萌动、发芽、三叶等期；分蘖期包括始期、盛期、末期（最高分蘖期）以及决定穗数关键时期的有效分蘖终止期；穗分化期（长穗期）包括穗分化各期、拔节期以及外观看到剑叶鞘膨鼓时的孕穗期；结实期（成熟期）包括抽穗开花期、乳熟期、蜡熟期、黄熟期和完熟期。栽培上插秧稻又分秧田期和本田期，幼苗期和分蘖期的一部分在秧田期完成但习惯上称秧田期为幼苗期，插秧后有一段缓秧过程叫返青期，其后再开始分蘖。

水稻生育期不同，需水量也不同。为保证水稻稳产高产，应根据不同生育期，进行科学用水管理。

（1）分蘖期浅水勤灌。分蘖期浅水勤灌能使稻苗植株茎部透光良好，阳光可直接照射植株茎部，提高水温和土温，增加土壤中氧气含量，促使根系发育，增加吸肥能力，促进早发分蘖，提高分蘖成穗率。灌水深度要因天气制宜，一般灌3～5厘米浅水层，阴雨天气稍浅些，高温干旱天气稍深些。

（2）足苗期排水搁田。分蘖后期，当杂交晚稻每亩发足总苗数20万～23万，则应排水搁田，以控制无效分蘖，有利主茎和大蘖优生快长，达到穗多、穗大、籽粒饱满、千粒重高的目的。搁田要掌握天气特点，多阴雨天气，搁田困难的，搁田时间可以长一些，要抓紧晴天早搁田，或争取间隙晴天搁田。干旱天气，水利条件较差的田块，可以轻搁或免搁。

（3）幼穗分化期浅水常灌。幼穗分化期如果水分不足，会减少小穗数，造成颖花退化和穗粒数减少。若灌水过深，又会使稻秆茎部柔软，容易造成后期倒伏。一般保持8～10厘米水层为宜。遇干旱天气，水层可以稍深些，多阴雨天气或地下水位较高，或稻苗有贪青现象的田块，可采取湿润灌溉，保持干干湿湿。幼穗分化期不耐低温，当遇较强冷空气侵入时，要灌上深水层，以稳定地温，避免低温影响幼穗发育。如遇台风洪涝，则应及时排水，并边排水边洗去稻株茎叶上的污泥。

（4）抽穗扬花期保持水层。在抽穗扬花期应保持适当水层，以调节地温，提高株间空气湿度。遇寒露风来临时，应在寒露风来临前灌深水保温，促使在“秋分”前1～2天齐穗。

3. 番茄的田间管理 番茄的生长发育过程具有一定的阶段性，大致可分为发芽期、幼苗期、开花期和结果期。农业实践中常采用定植的栽培措施，不同生育期水分管理侧重点不同。

（1）水分管理。定植缓苗后根据植株长势和土壤墒情决定是否浇缓苗水。如土壤水分不足，可轻浇一次缓苗水。苗期水分管理原则是苗床保持湿润不能干旱。土壤湿度保持55%～60%左右，以利于幼苗生长和花芽分化。高温干旱时，要在早晨或傍晚浇小水降低土壤温度。定植后1～4天，应根据天气情况及土壤干湿情况及时浇水。一般定植次日早上浇水1次，促进活棵，以后视情况进行浇水或排水，保持土壤湿润及通气。开花结果期，植株生长需水量较多，要注意淋水，保证水分均匀供应，开花坐果前，适当控制水分防止茎叶徒长，影响坐果；果实开始膨大后，需水量急剧增加，应经常保持土壤湿润，骤干骤湿会出现裂果和果实脐腐病现象。

（2）追肥。番茄栽培除需施足基肥外，还要根据番茄生长发育的不同时期，进行合理追肥和培肥。追肥原则是：坐果前薄施，挂果后重施，分次追肥。通常幼苗定植后3～4天，追1次催苗肥，使幼苗早生快发；开花坐果前，视幼苗生长状况追施1～2次粪水、尿素，或复合肥（10千克/亩）。第1穗果实充分发育时，可进行1次追肥初收后，一般再追肥2～5次，每次每亩施复合肥10～20千克，配合磷钾肥、钙肥或其他微肥。

4. 葡萄的田间管理 葡萄的生育期分为萌芽展叶期、开花期、果实膨大期、成熟采摘期。葡萄是需水量、需肥量较大的果树。各地土质、肥力基础及品种各不相同，适宜的施肥量、灌水量也有差异；以能使葡萄正常生长和结果为准。通常，葡萄对氮素和钾素要求较多。

基肥的施用掌握采后早施，集中施和适当深施。切断表层根系，有利于根系深入下层土壤和提高抗旱能力，是葡萄获取丰产的重要基础。追肥掌握在萌芽开花前，幼果开始生长期和浆果着色期施用。第一、二次追肥以氮肥为主。第三次追肥以磷、钾肥为主，以提高浆果的品质。此外，采果后结合基肥的施用可混用速效性肥料，提高树体养分的积累。开花前叶面喷施0.2%～0.3%硼酸或硼砂溶液，有利于促进正常授粉、受精和着果。在浆果着色期到浆果成熟前喷2～3次0.3%～0.5%磷酸二氢钾溶液或2%草木灰浸出液，可提高浆果含糖量，促进枝条老熟，混喷光合微肥效果尤好。

灌水多结合追肥进行。土层深厚的地方除春旱时需要灌溉外，基本上可以不灌溉。有灌溉条件之处，则在萌芽前灌催芽水，浆果膨大期结合追肥灌水一次，在秋施基肥后再灌水一次。葡萄虽然耐涝，但根系长期无氧呼吸，损害很大。葡萄根系呼吸旺盛，要求土壤透气性良好。除结合施用基肥深翻土壤外，葡萄园经常中耕松土，保持疏松状态，对葡萄的良好生长有很大作用。

全年共需浇催芽水、催条水、催果水、催熟水、冬水等5～7次。平时每隔20～30天一次，伏天15～20天一次。节水灌溉根据测定土壤含水量变化情况进行，当负压计测出PF=2.5时，即指示需进行灌水。

5. 红枣的田间管理

（1）水分的田间管理。红枣的生育期中要灌5次水。第一水为催芽水：早春萌芽前，结合追肥灌一次水；第二水为花前水：在枣树的初花期，为防止干旱造成“焦花”现象，因此要在花前结合追肥灌水一次；第三水为保果水：幼果发育期，需水量较大，此期应灌水两次；第四水为促果水：果实膨大期，应结合追肥灌水一次；第五水为封冻水：封冻水不能灌得过晚。

（2）施肥管理。施基肥，每年在10月底以前，即枣树落叶后至土壤上冻前施一次基肥。秋施基肥的施肥量占枣树年施肥量的60％，剩余的40％肥料用作春施追肥。基肥一般为农家肥、二铵、硫酸钾、农家肥和化肥混合的肥料。

叶面喷肥，夏季追肥宜采用叶面喷肥，常用肥料有：氨基酸叶肥、生物菌肥、磷酸二氢钾、硼酸等，喷施时间为枣树盛花期和果实膨大期。

第二章

输配水工程技术

2.1 渠道防渗工程技术

灌溉渠道在输水过程中，必然有部分水量由于渠道渗漏、水面蒸发等原因，在沿途损失掉了，从而不能引入田间为作物所利用。渠道的这种输水损失，主要包括渠道的渗水损失、漏水损失和水面蒸发损失等三大部分。水面蒸发损失是指沿渠道水面蒸发掉的水量，其量甚微，仅占渗水、漏水损失的5%以下。渠道漏水损失主要是因生物作用，或者因施工不良而形成漏洞、缝隙所损失掉的水量；或者因管理不善，工程失修，渠系不配套，建筑物漏水及渠堤决口等原因所造成的水量损失，又称施工、管理损失，这部分损失水量相当大。渠道渗水损失是指通过渠底、渠坡土壤孔隙所渗漏而损失掉的水量。其损失的水量有时相当大，特别是在透水性较大的土质上修建的渠道，渗水损失更大。渠道防渗，通常指的是要采取技术措施，防止渠道的渗水损失和漏水损失。

2.1.1 渠道防渗的作用与措施分类

1. 渠道防渗的作用 渠道中大量水量渗漏损失，不仅浪费灌溉水，减少可能灌溉的面积，降低灌溉工程效益，增加灌溉成本，而且还会抬高地下水位，促使灌区土壤次生盐碱化，造成渠床变形，渠堤决口，危及道路、农田和村镇的安全。因此，渠道防渗是灌区发挥水资源潜力，实行节约用水，建立高产稳产基本农田，提高经济效益的重要而有效的技术措施。渠道防渗主要有以下几方面的作用。

（1）节水潜力大。没有衬砌的土渠，渗漏损失水量很大，一般占总灌溉引水量的一半。渗漏严重的地区，损失更高。例如，甘肃省河西走廊一些渠道，防渗前渗漏损失约占总引水量的60%～70%。陕西省泾、洛、渭三大灌区在干渠上实际测量，未防渗前每公里渗漏损失一般均为0.4%～0.5%。每年渗漏损失相当于一个大型水库的水量。陕西省宝鸡峡塬边干渠渗漏损失达19米^3/秒，相当于一个3万多公顷灌区的干渠引水流量。河北省大型灌区，一般都有55%的水在各级渠道上渗漏损失掉了。

（2）可以提高输水能力。渠道防渗后，渠床糙率显著降低，渠中流速加大，因而输水能力明显提高，一般防渗后的渠道都比防渗前提高输水能力30%以上。同时，渠道断面和建筑物尺寸相对可以缩小，减少了工程量，节约了投资，还提高了渠道的防冲能力，减少了渠道淤积。

（3）可以降低地下水位。有利于改良盐碱地渠道，长期大量渗漏，会引起灌区地下水位上升。例如，陕西省宝鸡峡塬上灌区，自1971年开灌以来，地下水位逐年上升。内蒙古河套灌区，水浇地灌成了盐碱地，面积也在逐年增加。1955—1958年次生盐碱土面积占全灌区面积的13.2%，到1965—1974年就上升为58%。而渠道防渗后，则可使灌区地下水位，特别是沿渠两侧的地下水位显著降低，有利于改良盐碱地和沼泽地。

（4）有利于渠道的安全运用。防渗后，可以提高渠床的稳定性，防止渠道滑坡和塌方变形，以致溃决等事故的发生。防渗还可以防止渠床长草，减少冲刷和淤积，因而可以减少大量的防险、除草等养护、维修的工作量。

2. 渠道防渗措施类别　渠道防渗措施包括管理措施和工程措施两大方面。渠道防渗的管理措施主要是，加强灌溉管理，实行计划用水，合理调配水量，组织安排轮灌；改建、改善不合理的渠系布置，使各级渠道及建筑物配套齐全，搞好田间工程配套；加强渠道和建筑物的养护、维修等。

各地多年来卓有成效地试验研究和推广应用了许多种渠道防渗工程措施，采用了砌石、混凝土、沥青、塑料薄膜等防渗材料；研究和推广应用了U形渠道防渗结构形式，也取得了很好的节水效果。渠道防渗工程措施是防止渠道渗漏最根本的措施和非常有效的技术措施。

渠道防渗工程措施的种类很多，但就其防渗特点而言，可以分为三大类：①在渠床上加做防渗层（衬砌护面）；②改变渠床土壤的渗漏性能；③选择新型防渗渠槽结构形式。选用渠道防渗工程措施时，应根据渠道大小，水源水量和经济条件，因地制宜，就地取材，合理确定，并应考虑施工简单，造价低廉，便于管理，养护、维修费用低等条件。

3. 渠道防渗工程措施的选择　选择渠道防渗工程措施的主要原则为：①防渗效果好，有一定的耐久性；②因地制宜，就地取材，施工简易，造价低廉；③能提高渠道的输水能力及抗冲能力，以及减小渠道断面尺寸；④便于管理，养护、维修费用低。

我国幅员辽阔，各地气候、土质、材料、劳力、水源等条件不尽相同，要以当地材料和行之有效的方法为主。特别是南北方之间气候差异很大，防渗措施往往不同，或是同样的措施，具体构造也不同。对于较大渠道，则应对其可能采用的几种防渗工程措施，通过小范围试验，取得经验和资料，然后再进行推广，必要时可进行经济比较，以供选择时参考。

2.1.2　渠道防渗工程措施

1. 土料类护面防渗　土料类护面防渗是指用压实素土、黏砂混合土、灰土、三合土、四合土等土料进行渠槽护面防渗而言。通常利用土料类护面防渗能就地取材，造价低，施工简便。土料类护面防渗效果（允许最大渗漏量）为0.07～0.17米^3/(米^2·天)，使用年限为5～25年。

对土料类护面防渗的一般技术要求主要有以下几点：①土料类护面防渗层的渗透系数不应大于 1×10^{-6} 厘米/秒；②素土和黏砂混合土在水中不应发生崩解现象。否则，应改换素土和调整黏砂混合土的配合比；③灰土的配合比一般可采用石灰和土的比例为 1∶3～1∶9；三合土的配合比一般采用石灰与土砂总重的比例为 1∶4～1∶9。其中，土重为土砂混合土重，高液限黏质土与砂石重之比应为 1∶1；④最佳含水量，灰土采用 20%～30%；三合土、四合土可采用 15%～20%；素土、黏砂混合土应控制在塑限±4%以内；⑤混合土料应拌和均匀，边铺料边夯实，达设计干容重为止。一般要求素土或黏砂混合土夯压后的干容重在 1.5～1.7 吨/米^3；防渗层厚度，对于一般小型渠道为 15 厘米左右，大型渠道常用 25～40 厘米。对于灰土、三合土、四合土等防渗层，一般要求压实后干容重在 1.65 吨/米^3 左右，防渗层厚度为 20～40 厘米。渠坡或侧墙防渗层厚度一般应比渠底防渗层厚度稍大。

为增强土料类护面防渗层的表面强度，可采取下列措施处理：①根据渠道流量的大小，分别采用 1∶4～1∶5 水泥砂浆，或 1∶3∶8 水泥石灰砂浆，或 1∶1 的贝（贝壳灰）灰（石灰）砂浆抹面，抹面厚度一般为 0.5 ～ 1.0 厘米；②在灰土、三合土或四合土防渗层表面，涂刷一层 1∶10～1∶15 硫酸亚铁溶液保护层。

2. 水泥土护面防渗 水泥土是一种性能较好而且比较价廉的新型地方性建筑材料。该材料主要由土料、水泥和水等原料按一定比例配合拌匀后，在渠槽表面铺衬，并经过压实和养护之后而形成的防渗护面。水泥土护面防渗具有一定的强度和耐久性，可就地取材，施工也较容易，造价较低，但抗冻性较差。适用于气候温暖且渠道附近有壤土和砂壤土的地区，其防渗效果（即允许最大渗漏水量）为 0.06～0.17 米^3/（米^2·天），使用年限为8～30 年。

水泥土衬砌渠道防渗一般有压实干硬性水泥土护面防渗和浇

筑塑性水泥土护面防渗两种方法。所谓干硬性水泥土，是指按最优含水量配制的压实水泥土，它适用于现场铺筑或预制块铺砌的防渗护面工程，我国多用制块机制成水泥土块，其抗冻性能较好，适用于北方寒冷地区。塑性水泥土，是指一种施工时稠度与建筑砂浆类似的由土、水泥和水拌和而成的混合物，适用现场浇捣的南方地区渠道防渗护面。

水泥土衬砌防渗的一般技术要求如下：①水泥土所用的土料应风干、粉碎，并经5毫米孔径的筛孔过筛。土料中的黏粒含量宜为8%～12%；砂浆含量宜为50%～80%；砾石及风化石的最大粒径不应大于5毫米或初砌厚度的1/2。一般水工混凝土使用的水泥均可拌制水泥土，常用标号为325＃和425＃；②水泥土的抗冻标号不宜低于D12；干硬性水泥土28天的抗压强度应不低于4.5兆帕。塑性水泥土28天的抗压强度应不低于3.5兆帕；水泥用量为8%～12%；最小干容重应满足表2-1中的要求。当土粒为细粒土时，干硬性水泥土的含水量宜为12%～16%，塑性细粒水泥土的含水量宜为25%～35%，塑性微细粒土沙和页岩风化料的含水率为20%～30%；③水泥土的渗透系数应小于1×10^{-6}厘米/秒。

水泥土防渗层护面的厚度，一般采用8～10厘米。小型渠道的水泥土防渗护面厚度不应小于5厘米。大型渠道宜用塑性水泥土浇筑，其防渗层表面宜用水泥砂浆或混凝土预制板、石板等材料作保护层，此时防渗层厚度可适当减小为4～6厘米。其水泥土中的水泥用量适当减少，但水泥土28天的抗压强度应不低于1.5兆帕。

表2-1　水泥土允许的最小干容重

单位：吨/米^3

种 类	含砾土	砂土	壤 土	风化面岩渣
干硬性水泥土	1.9	1.8	1.7	1.8
塑性水泥土	1.7	1.5	1.4	1.5

水泥土防渗层渠道护面不可在霜冻及多雨期间修筑。水泥土的配料应准确，应拌制均匀，铺筑时应摊平整，铺筑次序应先铺渠底，再拍压和浇捣密实，特别是在渠边坡与渠底交界处，更应注意夯压密实，然后再抹平养护。铺筑应连续进行，每次拌和料从加水到铺筑结束应在 2 小时内完成，铺筑完 12 小时后即可拆模。设有保护层的塑性水泥土，其保护层应在塑性水泥土初凝前铺设结束。

水泥土中的水泥掺加量一般为 8%～15%（重量比）。水泥的掺加量越多，水泥固结能力越强，其强度也越高，这不仅可提高渠道防渗能力，还可满足渠道抗冲、耐磨等要求；但水泥掺加量若超过 20%，就很不经济，而且也没有必要。水泥土施工工艺与混凝土类似，但比混凝土的质量控制施工工艺要求高。此外，水泥土本身强度较低，施工时含水量和压实状况不易掌握，故防渗层护面施工质量很难得到保证。另外，水泥土衬砌施工还易受气候变化的影响，往往砌体表面常会出现剥蚀或冻胀隆起等现象。

3. 砌石护面防渗 砌石护面防渗是指用料石、块石、卵石、石板等进行浆砌，或用卵石进行干砌挂淤等作为渠道护面而进行防渗的技术。石料衬砌渠道抗冻、护冲、抗磨及抗腐蚀性能好，施工简易，耐久性强，能适应渠道流速大，推移质多，气候严寒等特点；但是，一般防渗能力较难保证，需用劳力多。砌石防渗适用于石料资源丰富，能就地取材的地区，以及有抗冻和抗冲要求的渠道。

砌石防渗一般可减少渠道渗漏量 70%～80%。浆砌石防渗效果为 0.09～0.25 米^3/（米^2·天），干砌卵石持淤的防渗效果为 0.20～0.40 米^3/（米^2·天）。使用年限为 25～40 年。但是，一般砌石防渗的效果不如混凝土、塑料薄膜、油毡等的防渗效果。因为砌石防渗缝隙较多，砌筑、勾缝不易保证质量所致。石料衬砌渠道对固定渠床，减小糙率有显著作用。

砌石护面防渗依结构形式可分为护面式和挡土墙式两类；依材料和砌筑法可分为浆砌料石、浆砌块石、浆砌石板、浆砌卵石和干砌卵石挂淤等多种形式。对于浆砌料石、浆砌块石挡土墙式防渗层的厚度应根据实际需要确定，多用于容易滑塌的傍山渠道。对于护面式防渗层厚度，浆砌料石采用15～25厘米；浆砌块石采用20～30厘米；浆砌石板不宜小于3厘米浆砌卵石护面或干砌卵石护面的防渗层厚度，一般采用15～30厘米。

常用的砌筑胶结材料主要是，水泥砂浆、水泥石灰浆和细粒混凝土等。水泥砂浆的标号，在温暖地区采用C5～C10，寒冷地区采用C10～C15，水泥石灰砂浆多用于温暖地区，其标号一般采用C5。细料混凝土的标号，一般地区选用C7.5～C10，寒冷地区采用C10～C15。勾缝水泥砂浆常用的标号比浆砌的水泥砂浆标号高一个等级。砌石防渗一般不设伸缩缝。

为了提高砌石护面的防渗效果以及防止渠床基土被淘刷，可采用下述方法。①对于干砌卵石挂淤渠道，可在砌石体下面设置砂砾石垫层，或铺设土工织物；②对于浆砌石板渠道，可在石板防渗层下铺设厚度为2～3厘米的砂料或低标号砂浆作垫层；③对于防渗要求高的大、中型渠道，可在砌石防渗层下加铺黏土、三合土、塑性水泥或塑料薄膜层。

国内常见的石料半砌渠道的断面形式有：梯形断面、矩形断面和U形断面，以及箱形断面和城门洞形断面的暗渠等。

石料防渗层的砌筑方法对渠道的坚固性和防渗性能有很大的影响，砌筑时除遵守砌石施工规程外，应特别注意下述事项：

①对梯形渠槽，应先砌渠底后砌渠坡；砌渠坡时，从坡脚开始，自下而上逐排分层砌筑；②对于U形渠槽和弧形渠槽，应从渠中线开始向两边对称砌筑，这样砌筑的优点是渠底与渠坡结合紧密，渠底密实，而且也方便施工；③对于矩形渠槽可先砌两边侧墙，而后砌筑渠底。

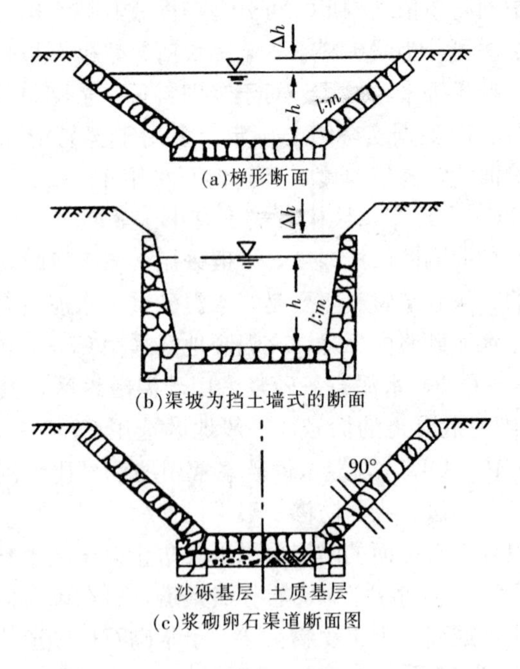

图 2-1　浆砌石渠道横断面图

浆砌石防渗护面的砌筑方法如图 2-1 所示。对于浆砌块石，大多采用坐浆法砌筑，即先将块石干摆试放，坐浆花砌，错缝交接分层；坐浆应饱满，每层铺浆厚度 3～5 厘米，块石缝宽超过 5 厘米，应填塞小碎石。较大较规整的块石应砌在渠底和渠坡下部。对于浆砌料石和砌石板多采用灌浆法，在渠底部位应横向砌筑（即料石或石板的长边应垂直于水流方向砌筑），在渠槽边坡部位应纵向砌筑（即料石或石板的长边应平行于水流方向砌筑），同样也需干摆试放，错缝交接砌筑，并最后进行勾缝，其缝宽一般为 1～3 厘米，并要求砌缝平整密实。对于浆砌卵石应错开接茬，卵石摆放应大头朝下，挤紧靠实，较大的卵石应干砌于渠底和渠坡下部。然后再向缝中灌注细粒混凝土或砂浆，并用铁钎逐缝捣实，再用原细料混凝土或砂浆勾缝。坐浆法是先铺浆厚度3～5厘米，然后再摆放卵石，挤紧砌筑，并灌缝（一般缝宽为1～2厘米），最后再用原细粒混凝土或砂浆勾缝。

若矩形渠槽两侧挡土墙采用浆砌块石，应先砌筑面石，后砌腹石，同时面石与腹石也应交错连接进行砌筑。

浆砌石料渠槽护面通常要求在砌筑砂浆初凝前必须及时进行勾缝，并应同时自上而下用水泥砂浆充填、压实、抹光。浆砌料石、块石和石板可构成平缝，浆砌卵石则可构成凹缝，缝面约低于砌筑卵石面的 1～3 厘米。砌石构成平缝和凹缝有利于水流行进，阻力小，可使渠道糙率小一些，在渠槽内砌石勾缝最好不要采用凸形勾缝。一般勾缝所用水泥砂浆标号应高于砌筑石料水泥砂浆标号。

干砌卵石防渗护面一般采用梯形断面渠槽，其梯形渠槽边坡系数为 1～2，最大允许流速与卵石粒径大小有关（见表 2－2）。干砌卵石防渗护面的砌筑方法是：①砌筑顺序，通常都是先砌渠底后砌渠坡。对于梯形渠槽，应从坡脚一侧向另一侧砌筑；对于弧形渠槽，则应从渠底中线开始向两侧砌筑。对于渠坡应自下而上逐排砌筑；②砌筑垫层，若干砌卵石渠槽坐落在砂砾石渠床上，当流速小于 3.5 米/秒时，可不设置垫层。当流速超过 3.5 米/秒时，需铺设 15 厘米厚度的砂卵石垫层。若垫层采用膜料，则应将过渡层土料铺设在膜料上，并边铺膜，边压土、边砌石。在黏土、黄土和沙土等渠床上干砌卵石渠槽，垫层可为双层，总厚度应大于 25 厘米；③砌筑方法，干砌卵石时，应将卵石长径垂直于渠坡和渠底立砌，较宽的卵石侧面应垂直于水流方向，不得前俯后仰，左右倾斜，每排卵石应厚薄相近，大头朝下，小头朝上，砌紧，砌平，并应错缝、卡缝，尽量靠挤密实。渠底两边和渠坡脚的第一排卵石，应比其他部位干砌卵石大 10～15 厘米。卵石砌筑后，其中间空隙，要用小碎石填满，卵石间缝隙可用小碎石填缝至缝深的一半，然后再用片状石块卡缝，最后再用较大的卵石水平砌筑顶石。我国西北地区砌筑卵石防渗护面渠槽经验丰富，并总结出“横成排，斜成行，三角缝，六面靠，踢不动，拔不掉”的成功砌筑经验。

表 2-2　卵石长径流速关系表

卵石长径（厘米）						
卵石长径（厘米）	普通形状	30～35	25～30	20～25	15～20	10～15
卵石长径（厘米）	扁平形状	25～30	20～25	15～20	10～15	10
安全抗冲流速（米/秒）		4.0～4.5	3.4～4.0	3.0～3.5	2.5～3.0	2.0～2.5
最大抗冲流速（米/秒）		5.8～6.2	5.0～5.5	4.0～4.5	3.5～4.5	

4. 膜料防渗渠道护面衬砌　膜料防渗渠道护面主要采用塑料薄膜和沥青玻璃布油毡等材料衬砌。采用沥青玻璃布油毡衬砌渠道防渗基本同于塑料薄膜防渗。

目前我国用于渠道防渗的塑料薄膜材料主要是增塑聚氯乙烯（PVC）、聚乙烯（PE）和线性低密度聚乙烯（LLDPE）薄膜等。聚氯乙烯薄膜的优点是抗穿透能力比聚乙烯薄膜大，缺点是稳定性差，遇冷变脆，在－15℃以下老化快。聚乙烯的优点是质地柔软，不易老化，耐低温、抗冻性好，密度小，材料用量省，但抵抗芦苇、杂草的穿透能力比聚氯乙烯小。线性低密度聚乙烯的拉伸强度，断裂伸长率及抗穿刺能力都大大优于聚乙烯，同时又具有原聚乙烯的柔性和耐低温的优点。因此，作为薄膜防渗材料应尽量采用线性低密度聚乙烯薄膜。

采用塑料薄膜砌渠槽防渗，其防渗能力强，质轻，运输便利，有较高的抗冻性和抗热性，并具有良好的柔性和延伸性，施工技术简单，群众容易掌握。若用土保护层时，造价较低；若用刚性保护层时，造价较高，可用于大、中型渠道防渗。塑料薄膜衬砌防渗，可减少渗漏量 80%～90%，防渗效果为 0.04～0.08 米^3/（米^2·天），使用年限为 20～30 年。

采用塑料薄膜铺衬防渗，其铺衬方式有表面式和埋铺式两种。表面式铺衬是将塑料薄膜铺于渠床表面；埋铺式是在铺好的塑料薄膜上再置放一保护层。埋铺式与表面式相比较，埋铺式要增加渠槽挖填土方量，其渠床糙率虽相同，但避免了阳光、大气的直接作用和机械破坏，减缓了塑料薄膜的老化程度，延长了塑料薄膜的使用寿命，所以国内塑料薄膜防渗渠道都采用埋铺式。

埋铺式塑料薄膜防渗结构一般由膜料防渗层、过度层和保护层三部分组成。渠床为土基或用素土、灰土、水泥土作为保护层时，可以不设过渡层，渠床为岩石、砂砾石渠基或用石料、砂砾石、混凝土保护层时，为了保证塑料薄膜在施工中不被破坏，需在渠床基槽与塑料薄膜之间以及塑料薄膜与保护层之间，也就是在塑料薄膜的下面和上面铺设过渡层。

一般塑料薄膜应选用深色，厚度为 0.18～0.22 毫米；渠槽基地质条件较差时，应选用厚度 0.60～0.65 毫米的塑料薄膜，并最好选用线性低密度聚乙烯薄膜。

作为过渡层材料的种类很多，经各地使用表明，灰土、水泥土和水泥沙浆都具有一定的强度和整体性，造价较低，适用范围广，效果好。所以，在寒冷地区宜采用水泥沙浆过渡层，在温暖地区则可选用灰土或水泥土过渡层。过渡层厚度一般为 2～3 厘米。用素土或砂料作过渡层时，应注意防止淘刷，其厚度为 2～5 厘米。

保护层材料，应根据当地材料来源和渠道流速的大小合理选用。保护层一般可分为土料保护层和刚性材料保护层两类。

土料保护层厚度应依防渗渠槽保护和部位确定。一般要求在渠床部位土料保护层厚度为 30～50 厘米，渠坡部位为 40～60 厘米，但总厚度不应小于 30 厘米。在寒冷冻深较大的地区，常采用冻深的 1/3～1/2 作为土料保护层的厚度。土料保护层厚度还应根据渠道流量的大小和保护层土质情况确定，可参考表 2-3 选定。

表 2-3　塑料薄膜防渗土料保护层厚度

单位：厘米

渠道设计流量（米^3/秒）	＞20	5～20	2～5	0.5～2	＜0.5
砂壤土、轻壤土	70～75	60～70	50～60	45～40	
中壤土	60～65	55～60	45～55	45	35
重壤土、黏土	55～60	50～55	40～50	35	30

水泥土、石料、砂砾料和素混凝土等作刚性保护层的厚度，可依表 2-4 选用，并可在渠底、渠坡或不同渠段，采用具有不同抗冲能力的不同材料组合式保护层。塑料薄膜防渗渠道的边坡取决于土质、设计流量、施工条件等，一般比常规渠道边坡要低一级选用，并应考虑水深影响，宜采用宽浅式渠道断面。根据各地运用情况，其稳定边坡系数如表 2-5 和表 2-6 所示。

表 2-4　不同刚性材料保护层厚度

单位：厘米

保护层材料	水泥土	块石、卵石	砂砾石	石板	素混凝土 现浇预制
保护层厚度	4～6	20～30	25～40	4～10	4～10

表 2-5　塑料薄膜防渗渠道不同水深和土质的边坡系数

土质	水深（米）			
	1.0	1.5	2.0	2.5
细粉沙土	1∶2	1∶2.25	1∶2.5	1∶3
沙壤土	1∶1.75	1∶2	1∶2.25	1∶2.5
壤土	1∶1.5	1∶1.75	1∶2	1∶2.25
黏土	1∶1.25	1∶1.5	1∶1.75	1∶2

表 2-6 塑料薄膜渠道依流量和土质的边坡系数

土质	流量（米³/秒）			
	>10	2～10	0.5～2	<0.5
沙土或沙壤土	2.75～2.50	2.50～2.25	2.25～2.00	1.75～1.50
轻中壤土	2.50～2.25	2.25～2.00	2.00～1.75	1.50
重壤黏土	2.50～2.00	2.00～1.50	1.75～1.50	1.50

塑料薄膜铺衬防渗渠道的基槽断面一般有梯形、台阶形和锯齿形等多种形式，如图 2-2 所示。梯形基槽断面的边坡一般为 1∶0.5～1∶1，适用于小型渠道。锯齿形基槽断面和边坡为 1∶1～1∶1.5，适用于大型渠道。

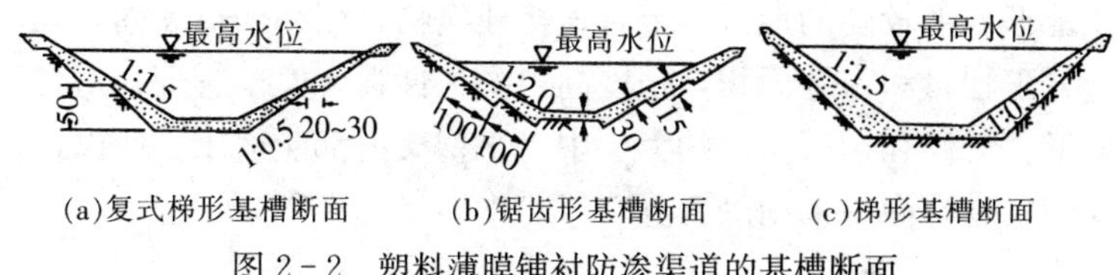

(a)复式梯形基槽断面 (b)锯齿形基槽断面 (c)梯形基槽断面

图 2-2 塑料薄膜铺衬防渗渠道的基槽断面

塑料薄膜铺衬方法，对于土质渠道，应首先验收合格渠道铺膜基槽，然后将根据渠道断面大小采用热结法或黏结法连接的大幅塑料薄膜，自渠槽下游向上游，由渠槽的一岸向另一岸铺设。铺设塑料薄膜时应留有小折皱并平贴于渠基；检查并黏补好已铺设的塑料薄膜的破孔后，再采用压实法或浸水泡实法填筑保护层。采用压实法施工，对于土料保护层为砂壤土和壤土，其保护层干容重应不低于 1.50 吨/米³；砂壤土、轻壤土和中壤土保护层宜采用浸水泡实法施工，其保护层干容重应为 1.04～1.45 吨/米³。若渠道为岩石、砂砾石渠基，应先平整基面，再铺过渡层，然后铺设塑料薄膜层，并在其上再铺一层过渡层，最后再铺设水泥土、石料、砂砾料或素混凝土等刚性材料保护层。

塑料薄膜在渠槽基面上铺设的高度应与渠道加大水位齐平，

顶部与渠堤相接，并伸入渠堤内50厘米；若与其他防渗材料衔接，塑料薄膜也需伸入50厘米。塑料薄膜间的接缝可以搭接、黏接或焊接，长度为15～20厘米。

防渗塑料薄膜与建筑物的连接，可采用黏接剂黏牢，土料保护层与建筑物连接的部位，应改用石料、水泥土或素混凝土保护层，并应设置伸缩缝。伸缩缝的规格参见混凝土衬砌渠道防渗允许值。

5. 混凝土衬砌渠道防渗　混凝土衬砌渠道，防渗性能好，每昼夜渗水量仅0.03米^3/米^2，即防渗效果为0.04～0.14米^3/(米^2·天)，减少渗漏水量可达80%～95%，使用年限30～50年，糙率小，抗冲性能好，能耐高流速，流速可达2～6米/秒。在地形坡度较陡的地区可节省连接建筑物，缩小渠道断面，减少土方工程量和占地面积，强度高，耐久性强，便于管理；对各种地形、气候和运行条件的大、中、小型渠道都能适用。所以，在我国渠道防渗中采用最普遍。

表2-7　混凝土标号的最小允许值

渠道设计流量（米^3/秒）	标号	严寒地区	寒冷地区	温暖地区
<2	强度	C10	C10	C7.5
	抗渗	S0.2	S0.2	S0.2
	抗冻	D100	D50	
2～20	强度	C15	C15	C7.5
	抗渗	S0.4	S0.4	S0.4
	抗冻	D150	D100	D50
>20	强度	C20	C20	C10
	抗渗	S0.6	S0.6	S0.6
	抗冻	D200	D150	D50

混凝土衬砌渠道要求混凝土的设计标号不应低于表2-7中的标准。当渠道流速大于3米/秒时，或水流挟带较多推移质泥

沙时，混凝土强度不应低于 15 兆帕。大、中型渠道防渗衬砌混凝土的配合比，应进行试验确定，要求必须满足强度、抗渗、抗冻及和易性的设计要求。小型渠道防渗衬砌混凝土的配合比一般是混凝土常用标号为 100～150＃；在有冻害的地区，混凝土抗冻标准采用标准试件在 28 天龄期内经过冻融 25 次或 50 次后，其抗压强减少值不得超过 25％（即抗冻标号为 M25～M50）。混凝土的水灰比，在一般严寒地区不应大于 0.6，寒冷地区不应大于 0.65，温暖地区不应大于 0.7。

混凝土衬砌防渗层的结构形式，一般采用等厚板。当渠基有较大变形时，除采取必要的地基基础处理措施外，对大中型渠道主要采用楔形板、助梁板、中部加厚板和Ⅱ形板结构形式；小型渠道宜采用 U 形渠道或矩形渠，如图 2－3 所示。

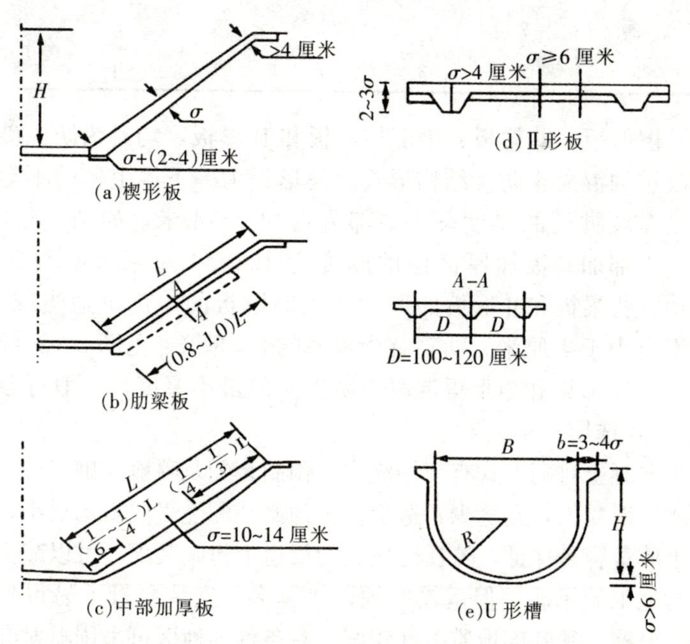

图 2－3　混凝土衬砌防渗层的结构形式

等厚板适用于没有特殊地质问题的一般地基上，由于它施工简单，容易控制，所以应用较普遍。当渠道流速小于 3 米/秒时，梯形渠道混凝土等厚板的最小厚度应符合表 2－8 中的规定。渠道流速为 3～4 米/秒时，等厚板的最小厚度为 10 厘米。渠道流速为 4～5 米/秒时，最小厚度宜为 12 厘米。水流中含有砾石类推移质时，为防止冲刷破坏，渠底板的最小厚度不应小于 12 厘米，渠道超高部分的混凝土衬砌厚度可适当减小。但不得小于 4 厘米。

表 2－8　混凝土防渗层的最小厚度

渠道设计流量（米^3/秒）	钢筋混凝土	温暖地区素混凝土	喷射混凝土	钢筋混凝土	寒冷地区素混凝土	喷射混凝土
＜2		4	4		6	5
2～20	7	6	5	8	8	7
＞20	7	8	7	9	10	8

楔形板、肋梁板、中部加厚板和 Π 形板，均是为防冻破坏而改进的混凝土防渗结构形式。楔形板为一下厚上薄的不等厚板，在坡脚处的厚度，比中部应增加 2～4 米，如图 2－3 所示。中部加厚板加厚部位的厚度为 10～14 厘米［见图 2－3（c）］。肋梁板和Ⅱ形板的厚度，比等厚板的厚度可适当减小，但不应小于 4 厘米。肋高宜为板厚的 2～3 倍［见图 2－3（b），(d)］。U 形渠和矩形渠混凝土防渗层的最小厚度，一般可参考表 2－8 选用。

混凝土衬砌方式有现场浇注、预制装配及喷射衬砌三种。现场浇注混凝土，砌缝少，造价低。预制装配受气候影响很小，混凝土质量容易保证。若在已建成的渠道上衬砌装配，可以减少行水与施工的矛盾，但运输麻烦，接缝多，安装质量不易得到控制。渠槽地基基础地质条件较好，有条件的地区可采用喷射混凝土衬砌防渗方式。衬砌方式的实际采用应依据材料、水源和工期等条件确定。若沿渠道无水源，工期紧张，则以采用装配式衬砌为好，反之，则以采用现场浇筑为主。现场浇注混凝土，可采用活动模板、分块跳仓法施工，也可采用滑模振捣器施工。现场混凝土浇筑完毕，应及时收面，达到混凝土表面密实、平整、光滑以及无石子外露，然后覆盖养护。对于混凝土预制板或槽形板，应在其强度达到设计强度的70%以上时才能运输，安砌应平整、稳固；砌筑缝要用水泥砂浆填筑并勾缝，缝内砂浆要填满、捣实、压平、抹光，并注意养护。

混凝土等刚性材料衬砌必须设置伸缩缝，以适应温度影响和沉陷影响。混凝土衬砌渠槽纵向缝一般设在边坡与渠道相接处，当渠底超过6～8米时，可在渠底中部设纵向缝。渠道边坡一般不设纵向缝或腰缝，但渠道较深边坡较大时，可适当分成2～3块错缝砌筑。横向缝的间距与其基础、气候条件、混凝土标号、衬砌厚度等因素有关，一般不超过5米。混凝土等刚性材料衬砌防渗渠道的伸缩间距如表2-9所示。伸缩缝的宽度一般为1～4厘米。

表2-9　防渗渠道的伸缩缝间距

防渗类别	防渗材料和施工情况	伸缩缝间距	
		纵　向	横　向
土料	灰土，现场浇注	5	3～5
	三合土或四合土，现场浇注	8	4～6
水泥土	塑性水泥土，现场浇注	4	2～4
	干硬性水泥土，现场浇注	5	3～5
砌石	浆砌石	只设沉陷缝	
沥青混凝土	沥青混凝土，现场浇注	8	4～6
混凝土	钢筋混凝土，现场浇注	8	6～8
	素混凝土，现场浇注	5	3～5
	素混凝土，预制铺砌	8	6～8

伸缩缝的形式一般有矩形缝、梯形缝、半缝等多种形式，如图 2-4 所示。止水要求严格时可采用塑料止水带。伸缩缝是影响混凝土衬砌渠道防渗效果的关键，也是造成衬砌冻胀裂缝的主要原因。因此，对伸缩缝的填料止水要求非常高，应选择黏结力强，抗变形性能大，耐老化性能好的材料，如用焦油塑料胶泥和沥青水泥砂浆填筑，或用塑料止水带和水泥木屑砂浆处理。一般伸缩缝下部采用焦油塑料胶泥填塞，上部用沥青水泥砂浆封顶。焦油塑料胶泥耐热度可达 90℃；0℃时与混凝土的黏结力大于 1 兆帕；12.5～17.0℃时，延伸变形率大于 190.7%；22℃以下的延伸变形值可达 99 毫米，而且耐老化，价格也不高，但对人畜有一定的危害作用。沥青水泥砂浆虽然黏结力不如焦油塑料胶泥，但对人畜无危害，故可用于伸缩缝上部封盖。沥青水泥砂浆的配合比（重量比）为 1∶1∶4。

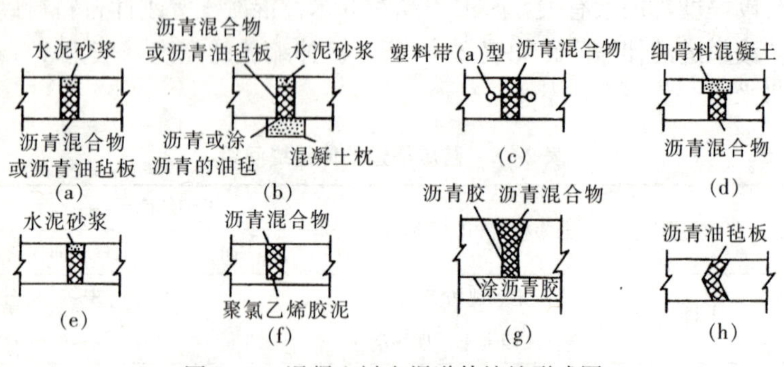

图 2-4　混凝土衬砌渠道伸缩缝形式图

6. 沥青混凝土防渗　沥青混凝土防渗能力强，适应变形能力较好，造价与混凝土相近。一般适用于冻胀性土基，且附近有沥青料源的渠道。其防渗效果好，为 0.04～0.14 米^3（米^2·天），使用年限为 20～30 年。

沥青混凝土防渗结构分为有整平胶结层和无整平胶结层两种形式。无整平胶结层的结构多用于土质地基，有整平胶结层的结构多用于岩石地基。另外，为提高防渗效果，防止老化，延长使用年限，通常在防渗层表面涂刷沥青玛蹄脂封闭层。

沥青混凝土防渗层的孔隙率不得大于4%，渗透系数不大于1×10^{-7}厘米/秒，热坡流淌值小于0.8厘米，水稳定系数大于0.9，在低温下不开裂。整平胶结层的渗透系数不小于1×10^{-3}厘米/秒，热稳定系数小于4.5。沥青玛蹄脂在高温下不流淌，在低温下不脆裂，具有较好的热稳定性能和变形性能。

沥青混凝土防渗层一般为等厚断面，其厚度为5～6厘米，大型渠道采用厚度8～10厘米，冻胀性土基，渠坡防渗层也可采用楔形断面，坡顶厚度一般为5～6厘米，坡底厚度为8～10厘米。按预制安装法施工时，厚度一般为5～8厘米，预制板边长不宜大于1米。沥青混凝土整平胶结层的厚度，应按能填平岩石基面的原则确定。沥青玛蹄脂封闭层的厚度，一般为2～3毫米。

沥青混凝土配合比，应根据防渗层或整平胶结层的技术要求，经过室内试验和现场试铺筑确定。一般沥青含量，防渗层为6%～9%，整平胶结层为4%～6%。石料的最大粒径，防渗层不得超过一次压厚度的1/3～1/2，整平胶结层不得超过1/2。

沥青混凝土防渗结构的施工顺序是先铺筑整平胶结层，再铺筑防渗层，最后涂刷封闭层，摊铺应按选定的厚度均匀摊铺，先静压1～2遍再采用震动碾压压实，压实系数一般为1.2～1.5。压实渠坡时，上行时震动，下行时不震动，机械难以压实的部位应辅以人工压实。压实过程中要严格控制压实温度和遍数。施工过程中各项温度按表2-10控制。沥青混凝土预制板应采用钢模板预制。预制板震压密实后即可拆模，但必须于降温后方可搬动。砌筑缝需用沥青砂浆或沥青玛蹄脂填筑，并捣实压平。在防渗层表面上均匀涂刷沥青玛蹄脂时，涂刷量一般为2～3千克/米^2，涂刷温度不应低于160℃。

表 2-10 防渗层施工温度控制标准

施工项目	沥青脱水及加热	粗细骨料加热	混合料拌和
温度（℃）	160±10	<180	160～180
施工项目	推铺	开始压实	终止压实
温度（℃）	130～150	120～140	85～120

2.1.3 渠道防冻胀破坏

北方寒冷地区的渠道防渗工程经常会遭受基土冻胀作用而被破坏，从而丧失防渗功能，特别是渠道的阴坡面受冻害更为严重。因此，必须采取有效防治措施，保证防渗工程的完整性。

1. 土的冻胀现象 水在一个标准大气压（1.01×10^5 帕）下，温度达到 0℃时结冰，体积增大约 9%左右。如果土中水分超过一定数量，土体冻结，冻结土层的体积也随之增大，这一现象称为冻胀。在自然条件下，土冻胀的外部表现是冻结期地面升高，融化期地面回沉。（水放出潜能 80 千卡/千克）冻土占我国国土面积的 70%，分为两大类：季节性冻土：此类冻土占我国国土面积的 47.7%。永久性冻土：此类冻土占我国国土面积的 22.3%。

2. 影响土冻胀的因素

（1）土质。土质包括土的矿物成分、颗粒大小和密度等。粉粒含量高的粉质土，能形成薄膜水分迁移的机构，有良好的水分迁移条件，冻胀性能最强，随着土颗粒变细。自由表面能增大，不参与水分迁移的强结合水亦增多，因而黏性土的冻胀性次于粉质土。砂砾土类，由于颗粒粗，表面能很小，不存在薄膜水，冻结时基本上不发生水分迁移，因而胀量亦较小。这种粗颗粒土，如果在冻结时水分能自由排出，即使在饱水和开敞系统条件下，也不产生冻胀。

土的冻胀性大小，可按下列顺序排列：含蒙托石矿物成分的黏土＜砂（壤）土＜亚黏土＜粉质土＜含高岭石矿物成分的黏土。

蒙托石有一种非常高的离子交换能力，牢固吸附的水量最多，以它为主的黏土，实际上是不透水的。

高岭土的离子交换能力很弱，有较多的可移动的薄膜水，因此就有较大的冻胀性。

（2）水分。水分对土体冻胀的影响，包括冻结前的湿润条件（初始含水量）和冻结期间的水分的补给条件。在开敞系统条件下，因有外来水的补给，冻胀时土中会形成厚而密集的层状冰，产生较大的冻胀量。在封闭系统条件下，因无外来水的补给，冻结土体内很少或没有层状冰，冻胀量很小或不冻胀，这和土的含水量有关。

产生基土冻胀作用的动力是土壤的冻胀力，影响土壤冻胀力的基本因素是土壤质地、土壤含水部和土壤温度三项。消除或减弱其中任何一个影响因素的冻胀力作用，都可降低土壤的冻胀力。因此，应采取综合治理措施来消除和削减渠道基土的冻胀力，或者采用柔性材料的护面以适应冻胀，并加强结构等措施，以抵抗冻胀。

2.2　低压管道输水灌溉技术

2.2.1　概述

低压管道输水灌溉系统是近年来在我国迅速发展起来的一种新型地面灌溉系统。它利用低耗能机泵或由地形落差所提供的自然压力水头将灌溉水加低压（一般不超过0.2千帕），然后再通过管网输配水到农田进行灌溉。它是以低压管网来代替明渠输配水系统的一种农田水利工程形式。田间灌水通常采用畦、沟灌等地面灌水方法。与喷灌、微灌系统比较，其最末一级管道出水口的工作压力是最不利设计条件，一般远比喷灌、微灌等的工作压力低，通常只需控制在 0.10 千帕以下。

低压管道输水灌溉系统简称管灌系统，相应的低压管道输水灌溉技术简称管灌技术。

1. 管灌系统的组成 管灌系统依其各部分所担负的功能作用不同，一般可划分为四大组成部分，即：①水源与引水取水枢纽；②输水配水管网；③田间灌水系统；④管灌系统附属建筑物和装置。

(1) 水源。管灌系统首先要有符合灌溉要求水量与水质的水源。井泉、塘坝、水库、河湖以及渠沟等均可作为管灌系统的水源。

(2) 引水取水枢纽。引水枢纽形式主要取决于水源种类，其作用是从水源取水，并进行处理以符合管网与灌溉在水量、水质和水压三方面的要求。

(3) 输配水管网。输配水管网是由低压管道、管件及附属管道装置连接成的输配水管网。在灌溉面积较小的灌区，一般只有单机泵、单级管道输水和灌水的形式。

井灌区输配水管网一般采用 1～2 级地面移动管道，或 1 级地埋管和 1 级地面移动管；渠灌区输配水管网多由多级管道组成，一般均为固定式地埋。输配水管网的最末一级管道，可采用固定式地埋管，也可采用地面移动管道。

(4) 常用的渠灌区管灌系统的田间灌水系统主要有三种形式。

①采用田间灌水管网输水和配水，应用地面移动管道来代替田间毛渠和输水垄沟，并运用退管浇法在农田内进行灌水。这种方式输水损失最小，可避免田间灌水时灌溉水的浪费，而且管理运用方便，也不占地，不影响耕作和田间管理。

②用明渠田间输水垄沟输水和配水，在田间用常规畦、沟灌等地面灌水方法进行灌水。这种方式不可避免地还要产生田间灌水的无益损耗和浪费，劳动强度大，田间灌水工作也困难，而且

输水沟还要占用农田耕地。

③田间输水垄沟采用地面移动管道输、配水，而农田内部灌水时仍采用常规畦、沟灌等地面灌水方法。这种方式的优缺点介于前两种方式之间，但因无需大量的田间浇地用软管，因此投资可大为减少。田间移动管可用闸孔管道、虹吸管或一般引水管向畦、沟放水或配水。井灌区多采用第一种田间灌水形式。

(5) 附属建筑物和装置。管灌系统一般都有 2～3 级地埋固定管道，因此必须设置各种类型的管灌系统建筑物或装置。依建筑物或装置在管灌系统中所发挥的作用不同，可把它们划分为以下 9 种类型：①引水取水枢纽建筑物，包括进水闸门或闸阀、拦污栅、沉淀池或其他净化处理构筑物等；②分水配水建筑物，包括干管向支管、支管向各农管分水配水用的闸门或闸阀；③控制建筑物，各级管道上为控制水位或流量所设置的闸门或阀门；④量测建筑物，包括量测管道流量和水量的装置或水表，量测水压的压力表等；⑤保护装置，包括进排气阀、减压装置或安全阀等；⑥泄退水建筑物，包括泄水闸门或阀门；⑦交叉建筑物，如虹吸管、涵管等；⑧田间出水口和给水栓；⑨管道附件及连通建筑物，如三通、四通、变径接头、同径接头、井式建筑物等。

2. 管灌系统类型　管灌系统类型很多，特点各异，一般可按下述两个特点进行分类。

(1) 按获得压力的来源分类。

①加压式管灌系统。在水源的水面高程低于灌区的地面高程，或虽略高一些但不足以提供灌区管网输配水和田间灌水需要的压力时，则要利用水泵机组加压。在我国井灌区和提水灌区的管灌系统均为此种类型。

②自压式管灌系统。水源的水面高程高于灌区地面高程，管网配水和田间灌水所需要的压力完全依靠地形落差所提供的自然水头得到。这种类型不用机不用泵，故可大大降低工程投资，在

有地形条件可利用的地方均应首先考虑采用自压式管灌系统。

（2）依管灌系统在灌溉季节中各组成部分的可移动程度分类。

①固定式管灌系统。管灌系统的所有组成部分在整个灌溉季节中，甚至常年都固定不动。该系统的各级管道通常均为地埋管。固定式管灌系统只能固定在一处使用，故需要管材量大，单位面积投资高。

②移动式管灌系统。除水源外，引水取水枢纽和各级管道等各组成部分均可移动。它们可在灌溉季节中轮流在不同地块上使用，非灌溉季节时则集中收藏保管。这种系统设备利用率高，单位面积投资低，效益较高，适应性较强，使用方便，但劳动强度大，若管理运用不当，设备极易损坏。其管道多采用地面移动管道。

③半固定式管灌系统，又称半移动式管灌系统。系统的组成部分有些是固定的，有些是移动的。系统的引水取水枢纽和干管或干、支管为固定的地埋暗管，而配水管道，支管、农管或仅农管可移动。这种系统具有固定式和移动式两类管灌系统的特点，是目前渠灌区管灌系统使用最广泛的类型。

目前，我国单井、群井汇流灌区和规模小的提水灌区及部分小型塘坝自流灌区多采用移动式管灌系统，其管网采用1级或2级地面移动的塑料软管或硬管。面积较大的群井联用灌区和抽水灌区以及水库灌区与引水自流灌区主要采用半固定式管灌系统，其固定管道多为地埋暗管，田间灌水则采用地面移动软管。

2.2.2 管灌系统的技术特点

1. 管灌系统的优点 据我国各地应用管灌系统的实践经验，管灌技术与传统的地面灌水技术相比，其优点可归纳为“四省（省水、省能、省地和省工）、一低（单位面积投资低）、一少（运行费用少）、一强（适应性强）、两快（输水快．浇地快）和三方便（操作应用方便、机耕田间管理方便和维修养护方便）。”

各地实践表明，管灌系统比土质明渠系统一般可节水30%左右，最高可节水56%，比砌石防渗渠道可节水15%左右，比混凝土板衬砌渠道节水约7%。管网水的有效利用率一般均在0.95以上，田间灌水损失和浪费小，田间水的有效利用率高，一般可达0.9以上。

依据调查，机井灌区田间渠、沟占地面积为2%～3%，抽水灌区渠、沟占地面积为3%～4%。以管网替代明渠、沟系一般均可省地2%左右，高的可省地7%。

管灌系统比明渠系统省去了明渠清淤除草、维修养护用工，同时管道输水快，供水及时，灌水效率高，故可减少田间灌水用工，节约灌水劳力。一般固定式管道灌溉效率可提高1倍，用工减少50%左右。

管灌系统设备简单，技术容易掌握，使用灵活方便，可适用于各种地形和不同作物与土壤，不影响农业机械耕作和田间管理，小坡小坎能爬、小弯能拐，沟路林渠能穿；能适应当前农村生产责任制管理体制；能解决零散地块和局部旱地、高地灌不上水以及单户农民修渠占地和争水矛盾等问题。管灌系统非常适宜单户或联户农民自行管理模式。

管灌系统因能减少水量损失和浪费，不但可扩大灌溉面积或增加灌水次数，同时也可改善田间灌水条件，缩短灌水周期和灌水时间，故有利于适时适量及时灌水，从而有效地满足了作物的需水要求，可提高单位水量的产量和产值，促进作物高产增收。

2. 渠灌区管灌系统的技术特点　渠灌区专指与井灌区相区别的引水工程灌区、塘坝水库工程灌区和大中型抽水工程灌区而言，渠灌区管灌系统除具有管灌系统一般的技术特点外，与井灌区管灌系统相比较尚有一些特殊之处。

渠灌区管灌系统一般控制面积都比较大，小的35公顷左右，大的可达335公顷。因此其引水取水流量大，输水配水管网级数多，通常可有3～5级管道，管径也较大，所以其省水、省地和省工效益更显著；管网输水速度快，可大大缩短输灌周期，完全有可能实现按作物需水要求及时适量地进行灌溉；管灌系统维修养护简单方便，管理费用和灌水成本可大为降低等。但渠灌区管理系统所需材料和设备较多，建筑物类型也较复杂，因此其单位面积投资相对来说比井灌区要高，规划设计内容比较复杂，施工期较长，而且在用水管理和计划用水上与全渠灌区用水的协调调配和控制存在着一定的困难。

2.2.3 灌区灌溉系统的规划布置

管灌系统规划布置的基本任务是，在勘测和收集并综合分析规划基本资料以及掌握管灌区基本情况和特点的基础上，研究规划发展管灌技术的必要性和可行性，确定规划原则和主要内容。通过技术论证和水力计算，确定管灌工程规模和管灌系统控制范围；选定最佳管理系统规划布置方案；进行投资预算与效益分析，以彻底改变当地农业生产条件，建设高产稳产、优质高效农田及适应农业现代化的要求为目的。

1. 低压管灌系统布设的基本原则 规划布设低压管灌系统一般应遵循以下基本原则：

（1）低压管灌系统的布设应与水源、道路、林带、供电线路和排水等紧密结合，统筹安排，并尽量充分利用当地已有的水利设施及其他工程设施。

（2）低压管灌系统布设时应综合考虑低压管灌系统各组成部分的设置及其衔接。

（3）在山丘地区，大中型自流灌区和抽水灌区内部以及一切有可能利用地形坡度提供自然水头的地方，只要在最末级管道最不利出水口处有0.3～0.5米的压力水头，应首先考虑布设自压式低压管灌系统。对于地埋暗管，沿管线具有5/1 000左右的地形坡度，就可满足自压式低压管灌系统输水压力能坡线的要求。

（4）小水源如单井、群井、小型抽水灌区等应选用布设全移动式低压管灌系统。群井联用的井灌区和大的抽水灌区及自流灌区宜布设固定式低压管灌系统。

（5）输水管网的布设应力求管线总长度最短，控制面积最大；管线平顺，无过多的弯转和起伏；尽量避免逆坡布置。

（6）田间末级暗管和地面移动软管的布设方向应与作物种植方向或耕作方向及地形坡度相适应，一般应取平行方向布置。

（7）田间给水栓或出水口的间距应依据现行农村生产管理体制和田园化规划确定，以方便用户管理和实行轮灌。

（8）低压管灌系统布局应有利于管理运用，方便检查和维修，保证输配水和灌水安全可靠。

2. 低压管灌的布设形式

（1）树枝状管网。地埋暗管固定管网的布设形式。根据水源位置、控制范围、地面坡度、田块形状和作物种植方向等条件，地埋固定管网可布设成树枝状、环状和混合状三种类型。

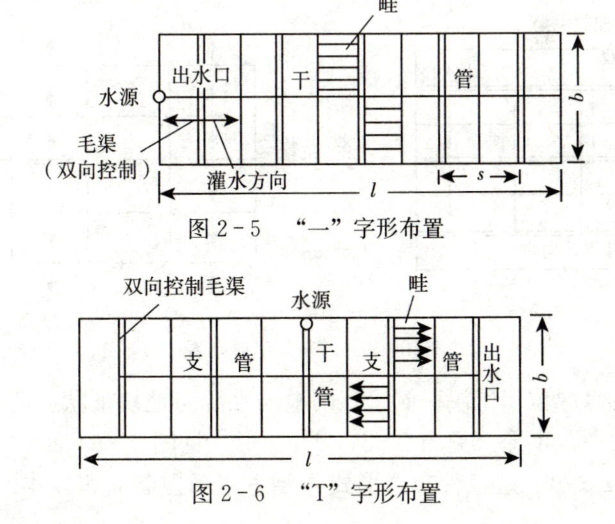

图 2－5　“一”字形布置

图 2－6　“T”字形布置

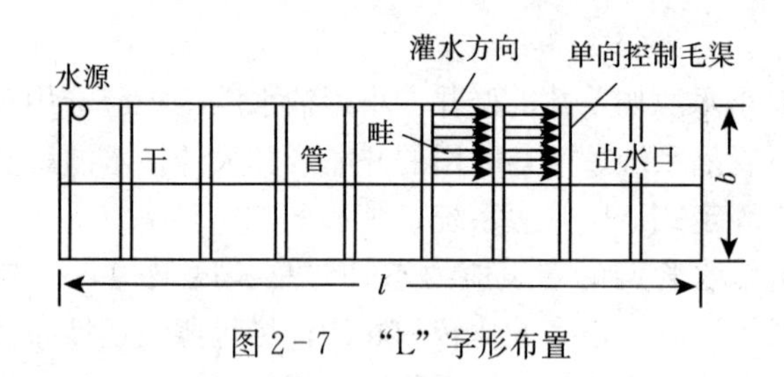

图 2-7 "L"字形布置

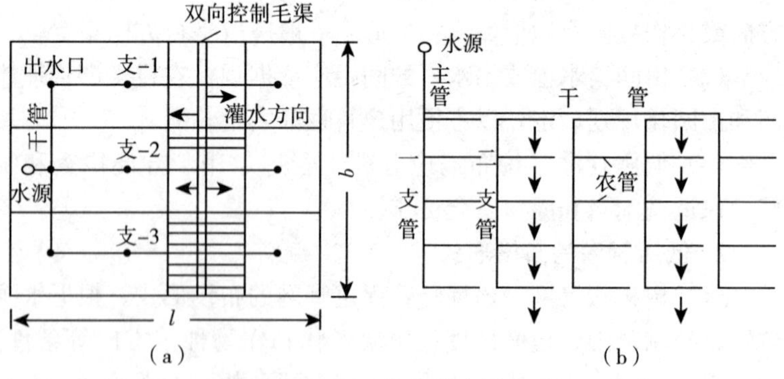

图 2-8 梳齿形布置

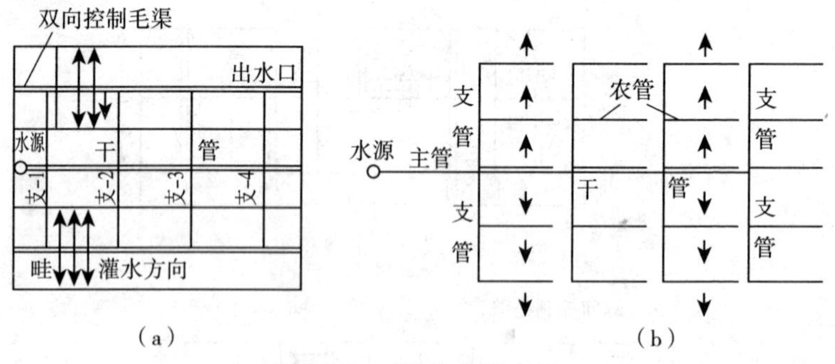

图 2-9 "丰"字形布置

①水源位于田块一侧。管网根据水源与地块形状变化灵活，可呈"一"字形（见图 2-5），"T"形（见图 2-6）和"L"形（见图 2-7）。这三种布置形式主要适用于控制面积较小的井灌

区，一般井的出水量为20～40米^3/小时，控制面积3～7公顷，田块的长宽比（l/b）不大于3的情况。多用地面移动软管输水和浇地，管径大致为100毫米左右，长度不超过400米。当控制面积较大，地块近似成方形，作物种植方向与灌水方向相同或不相同时，可布置成梳齿形（图2-8）或“丰”字形（图2-9）。

对于井灌区，这两种布置形式主要适用于井水量60～100米^3/小时，控制面积10～20公顷，田块的长宽比（l/b）约为1的情况。常采用一级地埋暗管输水和一级地面移动软管输、灌水。地埋暗管多采用硬塑料管、内光外波纹塑料管和当地材料管，管径为100～200毫米，管长依需要而定，一般输水距离都不超过1.0千米。地面移动软管主要使用薄膜塑料软管和涂塑布管，管径50～100毫米，长度大都不超过灌水畦、沟长度。

对于渠灌区，常为多级半固定式或固定式低压管灌系统，其控制面积可达上千亩，干管流量一般在0.4米^3/秒以下，管径在300～600毫米之间，长度可达2.0千米以上；支管流量一般为0.15米^3/秒，管径100毫米左右，管长即支管间距为200～400米，农管间距即灌水沟畦长度一般为70～200米。大管径（300毫米以上）地埋暗管管材常用现浇或预制素混凝土管，300毫米以下管径的常用管材有硬塑料管、石棉水泥管、素混凝土管、内光外波纹塑料管以及当地材料管等。一般要求农管（或支管）采用同一管径，干管或支管可分段变径，以节省投资；但变径不宜超过三种，以方便管理。

②水源位于田块中心。可用“工”形和长“一”字形树状管网布置形式（见图2-10和图2-11）。主要适用于井灌区，水井位于田块中部。井出水量40～60米^3/小时，控制面积7～10公顷；当田块的长宽比（l/b）$\leqslant 2$时，采用“工”形；当长宽比>2时，常采用“一”字形。

（2）环状管网。干、支管均呈环状布置。其突出特点是，供水安全可靠，管网内水压力较均匀，各条管道间水量调配灵活，

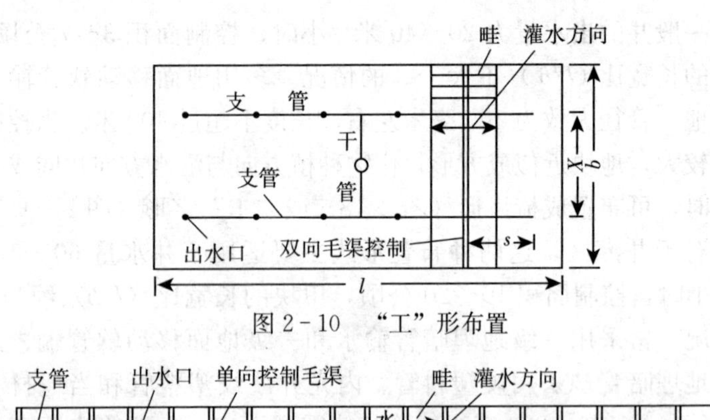

图 2-10 “工”形布置

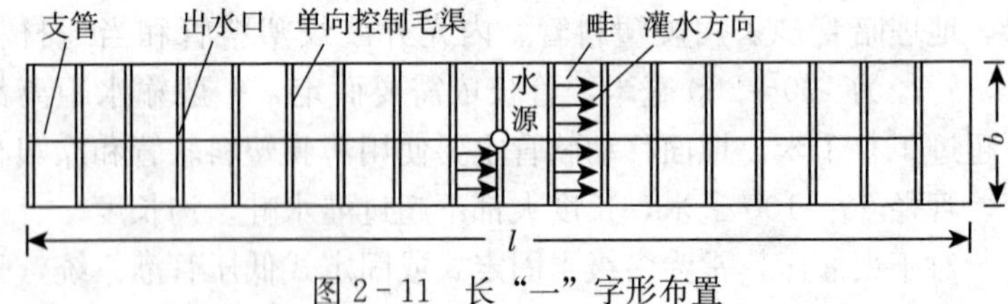

图 2-11 长“一”字形布置

有利于随机用水。但管线总长度较长，投资一般均高于树枝状管网。

①水源位于田块一侧、控制面积较大（10～20 公顷）的环状管网布置形式如图 2-12 所示。

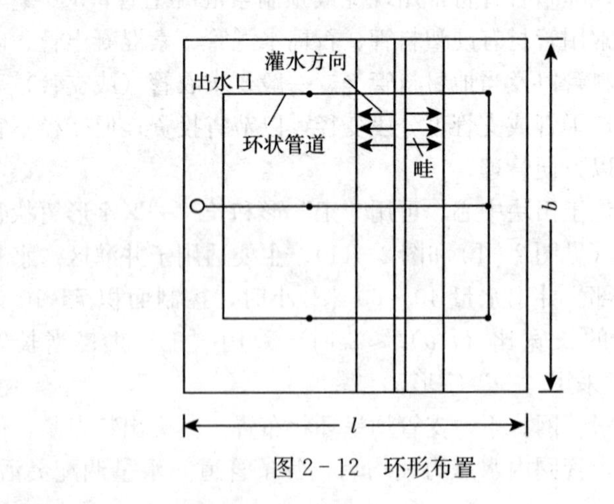

图 2-12 环形布置

②水源位于田块中心，控制面积为 7～10 公顷、田块长宽比≤2的环状管网布置形式如图 2-13 所示。

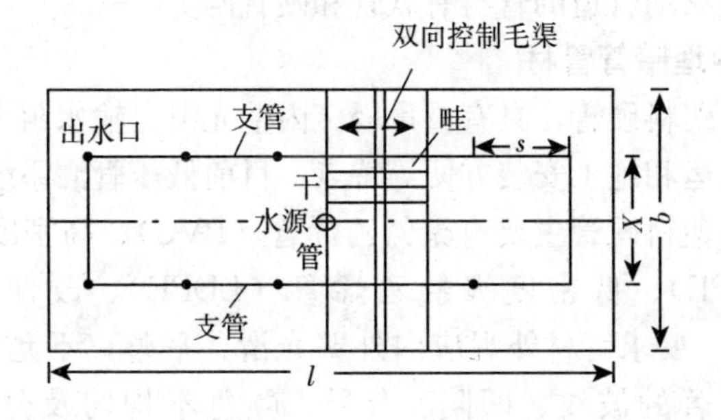

图 2-13　环状管网布置

（3）混合管网。混合管网是由树枝状管网和环状管网混合组成的管网形式，结构较复杂，管理运行不方便。

3. 地面移动管网的布设和使用　地面移动管网一般只有 1 级或 2 级，其管材通常使用有移动软管、移动硬管和软管硬管联合运用三种。

4. 管网布置优化及管径优选　优化管网布置及优化各级管道的管径是管网优化的两个相互联系的问题。对小型灌区，如单井控制面积不大的系统，对两部分分别优化和统一优化，其结果差别不大。对控制面积大的渠灌区低压管灌系统应统一进行管网布置优化和管径优选。否则，其优化结果将相差悬殊。

管网优化理论方法有线性规划法、非线性规划法、动态规划法等。影响管网年费用的主要因素是，管网系统类型（固定式、半固定式或移动式），管网布置形式（走向、间距、长度），管材和管径等。

2.2.4　低压管灌系统的管材与管件

管材是低压管灌系统的主要组成部分，直接影响管灌系统工程的质量和造价。在低压管灌系统中，作为地埋暗管（固定管道）使用的管材主要有塑料硬管、水泥制品管及当地材料管等；作为地面移动管道的管材有软管和硬管两类。

1. 地埋暗管管材

（1）塑料硬管，具有重量轻、内壁光滑、输水阻力小、耐腐蚀、易搬运和施工安装方便等特点。目前低压管灌系统中使用的国家标准塑料硬管主要有聚氯乙烯管（PVC）、高密度聚氯乙烯管（HDPE）、低密度聚氯乙烯管（LDPE）、改性聚丙烯管（PP）等。要求管材外观应内外壁光滑、平整，不允许有气泡、裂隙、显著的波纹、凹陷、杂质、颜色不均匀及分解变色等缺陷。

（2）聚氯乙烯双壁波纹管，该类管具有内壁光滑、外壁波纹的双层结构特点，其不仅保持了普通塑料硬管的输水性能，而且还具有优异的物理力学性能，特别是在平均壁厚减薄到 1.4 毫米左右时，仍有较高的扁平刚度和承受外载的能力，是一种较为理想的低压管灌系统管材。

（3）水泥制品管，可以预制，也可以在现场浇筑。各种水泥制品管，例如素混凝土管，水泥土管等，造价都较低，且可就地取材，利用当地材料容易推广。

（4）石棉水泥管，是以石棉和水泥为主要原料，经制管机卷制而成。其特点是，内壁光滑摩阻系数小，抗腐蚀，使用寿命长，重量轻，易搬移，且机械加工方便。但其质地较脆，不耐碰撞，抗冲击强度不高。其规格主要有 ϕ100、ϕ150、ϕ200、ϕ250 和 ϕ300 等 5 种。耐压力有 300 千帕、700 千帕、900 千帕和 1 200千帕等 4 种。

（5）灰土管是以石灰、黏土为原料，按一定配合比混合，并加水拌匀，经人工或机械夯实制成的管材石灰质量要求含 CaO 以大于 60% 为优。灰土比各地因灰、土质量而异，一般在 1∶5～1∶9之间，含水率约 20%左右，干容重应在 1.60 克/厘米^3 以上；其在空气中养护一周的抗压强度，即可达 1～1.7 兆帕。但最好采用湿土养护方法，养护至少两周后再投入运用，以有利于灰土后期强度继续增高，保证运用安全可靠。

2. 地面移动管材 地面移动管材有软管和硬管两类。软管管材主要使用塑料软管（或称薄塑软管）和涂塑布管。

（1）塑料软管，主要有低密度聚乙烯软管（LLDPE 管），线性低密度聚乙烯软管（LLDPE 管），锦纶塑料软管，维纶塑料软管等 4 种。锦纶、维纶塑料软管，管壁较厚（2～2.2 毫米），管径较小（一般在 90 毫米以下），爆发压力较高（一般均在 0.5 兆帕以上），相应造价也较高，低压管灌中不多用。低压管灌中以线性低密度聚乙烯软管（即改性聚乙烯软管）应用较普遍。

（2）NG 涂塑软管。涂塑软管以布管为基础，两面涂聚氯乙烯，并复合薄膜黏接成管。其特点是，价格低，使用方便，易于修补，质软易弯曲，低温时不发硬且耐磨损等。目前生产的产品规格有 ϕ25、ϕ40、ϕ50、ϕ65、ϕ80、ϕ100、ϕ125、ϕ150 和 ϕ200 等 9 种。工作压力一般为 1～300 兆帕。

3. 管件 管件将管道连接成完整的管路系统。管件包括弯头、三通、四通和堵头等，可用塑料、钢、铸铁等材料制成。

2.2.5 低压管灌系统附属设施的布设

在井灌区，若采用移动软管式低压管灌系统，一般只有 1～2 级地面移动软管，无需布设建筑物，只要配备相应的管件即可；若采用半固定式低压管灌系统，也只需布设一级地埋暗管，再布设必要数量的给水栓和出水口即可满足输水和灌水要求。而在渠灌区，通常控制面积较大，需布设 2～3 级地埋暗管，故必须设置各种类型的附属建筑物。

1. 渠灌区低压管灌系统的引水取水枢纽布设 渠灌区的低压管灌系统大都从支、斗渠或农渠上引水。其渠、管的连接方式和各种设施的布置均取决于地形条件和水流特性（如水头、流量、含沙量等）以及水质情况。通管道与明渠的连接均需设置进水闸门，其后应布设沉淀池，闸门进口尚需安装拦污栅，并应在适当位置设置量水设备。

2. 渠灌区管灌系统的分水、配水 控制和泄水建筑物的布设在各级地埋暗管首、尾和控制管道内水压、流量处均应布设闸板门或闸阀，以利分水、配水、泄水及控制调节管道内的水压或流量。

3. 量测建筑物的布设 低压管灌系统中，通常都采用压力表量测管道内的水压。压力表的量程不宜大于0.4兆帕，精度一般可选用1.0级。压力表应安装在各级管道首部进水口后为宜。

在井灌区，低压管灌系统流量不大，可选用旋翼式自来水表，但口径不宜大于ϕ150，否则造价过高，影响投资。在渠灌区，各级管道流量较大，如仍采用自来水表，则既造价高，又会因渠水含沙量大，还含有其他杂质，而使水表失效。采用闸板式圆缺孔板量水装置或配合分流式量水计量测水精度更精确，其测流误差≤3%，价格低，加工安装简易，使用维护均很方便。闸板式圆缺孔用于量水，应装在各级管道首部进水闸门下游，以节流板位置为准，要求上游直管段需要有10～15倍管道内径的长度，下游应有5～10倍管道内径的长度。

4. 给水装置的布设 给水装置是低压管灌系统由地埋暗管向田间灌溉供水的主要装置，可分为两类：一类直接向土渠供水的装置，称出水口；一类接下一级软管或闸管的装置，称给水栓。一般每个出水口或给水栓控制的面积为0.7公顷左右，压力不小于3千帕，间距大致为30～60米。出水口和给水栓的结构类型很多，选用时应因地制宜，依据其技术性能、造价和在田间工作的适应性，并结合当地的经济条件和加工能力等，综合考虑确定。一般要求：①结构简单，坚固耐用；②密封性能好，关闭时不渗水，不漏水；③水力性能好，局部水头损失小；④整体性能好，开关方便，容易装卸；⑤功能多，除供水外，尽可能具有进排气，消除水锤、真空等功能，以保证管路安全运行；⑥造价低。

根据止水原理，出水口和给水栓可分为外力止水式、内水压式和栓塞止水式三大类型。

5. 管道安全装置的布设　为防止管道因进气、排气不及时或操作运用不当，以及井灌区泵不按规程操作或突然停电等原因而发生事故，甚至使管道破裂，必须在管道上设置安全保护装置，一般应装设在管道首部或管线较高处。

第三章

地面灌溉技术与改进

3.1 概述

地面灌水方法是世界上最古老的，也是目前普遍采用的灌水方法。全世界现有灌溉面积中，约有90%左右的灌溉面积采用地面灌溉。在我国农田灌溉发展中，地面灌溉方法有着悠久的历史，我国劳动人民数千年来已积累了极为丰富的地面灌水经验，对提高和发展农牧业生产起了很大的作用。目前，我国地面灌溉面积仍占全国总灌溉面积的98%以上。

地面灌水方法是使灌溉水通过田间渠沟或管道输入田间，水流呈连续薄水层或细小水流沿田面流动，主要借重力作用兼有毛细管作用下渗湿润土壤的灌水方法，又称重力灌水法。

地面灌溉是通过灌溉水在田面上的流动与向土壤中下渗同时完成的：灌溉水由田间渠沟或管道连续进入田块后，迅速沿田面的纵方向推进，并形成一个明显的湿润前锋（即水流推进的前缘）水流边向前推进，边向土壤中下渗，也即灌溉水流在继续向前推进的同时就伴随有向土壤中的下渗；一般，当湿润前锋到达田块尾端，或到达田块的某一距离，并已达到所要求的灌水量时即关闭田块首端进水口，停止向田块放水。此时，田面水流将继续向田块尾端流动，田面水流深度不断下降，向土壤内下渗的水量逐渐增加，而且田块首端水首先下降至零，地表面形成一落干锋面，并随田面水流和土壤入渗向下游移动，直至田块尾端，或在田块某距离处与湿润的锋相遇。当田面已完全无水时，田间水流全部渗入土壤转化为土壤水，灌水过程结束，见图 3－1 所示。因此，地面灌溉水流推进、消退与下渗是一个随时间而变化的复杂过程。

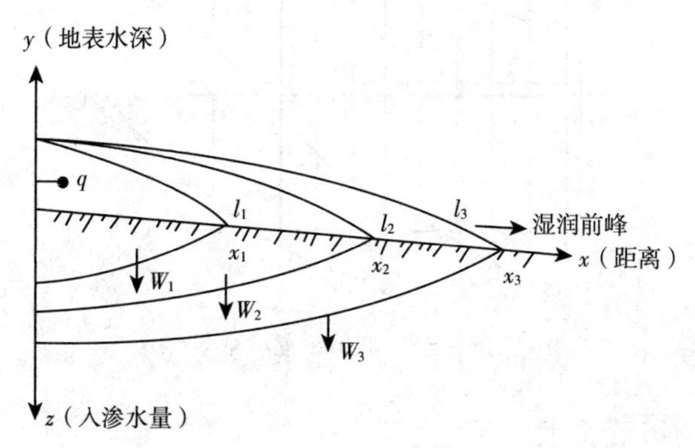

图 3－1　地面灌溉水流推进过程

根据灌溉水向田间输送的形式或湿润土壤的方式不同，地面灌溉方法可分为畦灌法、沟灌法和淹灌法三类。

3.2　畦灌法

3.2.1　畦灌技术概述

畦灌法，是用临时修筑的土埂将灌溉田块分隔成一系列的长方形田块，灌水时，灌溉水从输水垄沟或直接从田间毛渠引入畦田后，在畦田的田面上形成很薄的水层，沿畦长坡度方向均匀流动，在流动的过程中主要借重力作用及毛细管作用，以垂直下渗的方式湿润土壤的灌水方法，如图 3－2 所示。

畦灌法主要适用于灌溉窄行距密植作物或撒播作物。如小麦、谷子等粮食作物，花生、芝麻等油料作物，以及牧草和速生密植蔬菜等。此外，在进行各种作物的播前储水灌溉时，也常用畦灌法，以加大灌溉水向土壤中下渗的水量，使土壤中储存更多的水分。

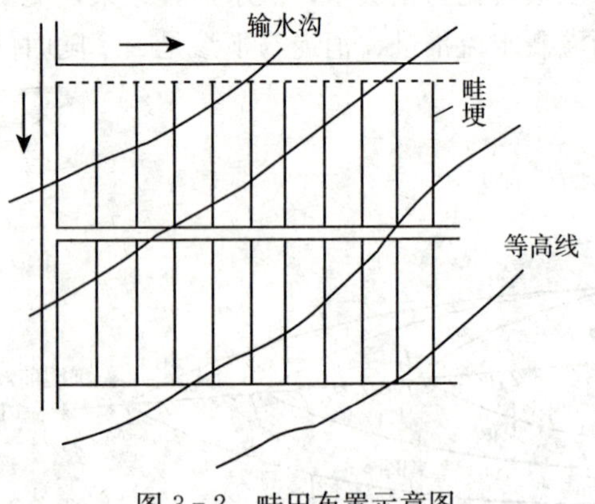

图 3-2　畦田布置示意图

3.2.2　畦灌技术

1. 畦田布置　畦田布置应主要依据地形条件，并结合考虑耕作方向，应保证畦田沿长边方向有一定的坡度。一般适宜的田面坡度为0.001～0.003，最大可达 0.02，但畦田坡度过大，容易冲刷土壤，引发水土流失。

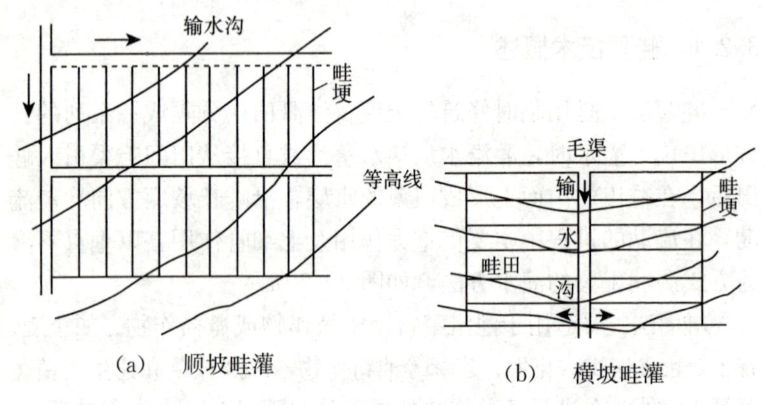

(a)　顺坡畦灌　　(b)　横坡畦灌

图 3-3　畦田布置

根据地形坡度，畦田布置有两种形式；地面坡度较平缓，通常沿地面坡度布置，也就是畦田的长边方向与地面等高线垂直，称顺坡畦灌，见图 3 - 3（a）。若土地平整较差，地面坡度较大时，为减缓畦田内地面坡度．也可与地面等高线斜交或基本上与地面等高线平行，称横坡畦灌。见图 3 - 3（b）。

2. 畦田规格　畦田规格主要指畦田的长度、畦田的宽度和畦埂断面而言。

（1）畦宽。畦宽主要取决于畦田的横向坡度、土壤性质和农业技术要求，以及农业机具的宽度。通常，畦宽多按当地农业机具宽度的整倍数确定，一般约 2～4 米。传统畦灌法的畦宽一般都要求最宽不要超过 4 米。每公顷约 75～150 个畦田。在水源流量小时或井灌区，为了迅速在整个畦田面上形成流动的薄水层，一般畦宽较小，多为 0.8～1.2 米左右；菜田更小，畦宽仅 0.5～1.0米。为灌水均匀，要求畦田无横向坡度，以免水流集中，冲刷畦田田面土壤。

（2）畦长。应根据畦田纵坡、土壤质地及土壤透水性能、土地平整情况和农业技术条件等合理确定。畦田田面坡度大的畦长宜短，纵被小的可稍长；砂质土壤，土壤透水性强，畦长宜短：黏质土壤，土壤透水性能弱，畦长可以稍长。总之，畦田的长短，应要求畦田田面灌水均匀，并尽量使湿润土壤均匀，筑畦省工，畦埂少占地，便于农业机具工作和田间管理。若畦田过长，往往会使畦首、畦尾灌水很难一致，土壤湿润更不易均匀。目前我国自流灌区，一般传统畦灌法的畦长以 50～100 米为宜。畦长与土壤质地及地面坡度的关系可参见表 3 - 1 所示。

（3）畦埂。畦埂断面一般为三角形或梯形，畦埂高约 0.2～0.25 米，底宽 0.4 米左右，多泥沙引用挥水灌溉的地区应适当加大。畦埂是临时性的，应与整地、播种相结合，最好采用筑埂器修筑。对于密植作物，畦埂上也可播种。为防止畦梗跑水，在畦田地边和路边最好修筑固定的地边畦埂和路边畦埂，其埂高不应小于0.3米，底宽0.5～0.6米，顶宽0.2～0.3米。

表3-1　不同土壤质地及地面坡度的畦长

单位：米

土壤＼坡度	<0.002	0.002～0.005	0.005～0.01	0.01～0.02
轻砂壤土	20～30	50～60	60～70	70～80
砂壤土	30～40	60～70	70～80	80～90
黏壤土	40～50	70～80	80～90	90～100
黏土	50～60	70～80	80～90	100～110

3. 畦灌灌水参数　畦灌法灌水技术要素主要指畦长、畦宽、每米畦宽引用的入畦流量，即单宽流量和放水入畦时间等。影响这些要素的因素主要有，土壤渗透系数、田面纵向坡度、畦田粗糙率与平整程度，以及作物的种植情况等。

为使沿畦长任何断面处渗入土壤中的水量都能达到大致相等，湿润土层基本均匀，就要求畦灌灌水技术要素之间应有如下关系：

（1）渗入到畦田内土壤中的水量达到计划灌水定额时，畦田内各处所需要的入渗时间，可依据土壤的累计入渗公式，得式（3-1）。

$$H_t = k_0 t_n^{1-\alpha} \quad \text{式（3-1）}$$

式中：H_t——时间渗入土壤中的水量（厘米），其值应为：$H_t = m$；

m——计划灌水定额（厘米）；

k_0——第一个单位时间内的平均入渗速度（厘米/小时）；

t_n——畦田内各处入渗水量达到计划灌水定额所需要的下渗时间（小时）；

α——土壤入渗指数。因此，

$$t_n=(m/K_0)^{1/(1-a)} \quad 式(3-2)$$

（2）进入畦田的总灌水量应与全畦长达到灌水定额所需要的水量相等。即：

$$3.6Qt=mbl \quad 式(3-3)$$

则式（3-3）可改写为：

$$3.6qt=ml \quad 式(3-4)$$

式中：Q——畦首控制的入畦流量（升/秒）；

q——入畦单宽流量［开/（秒·米）］；

b——畦宽（米）；

l——畦长（米）；

m——灌水定额（米）；

t——畦首处畦口的供水时间（小时），$t=t_n-t_1$，其中，t_1 为畦首处滞渗时间。

畦灌技术要素可参见表3-2。

表3-2　一般大田作物田畦灌水技术要素

土壤	地面坡度	单宽流量（升/米）	畦长（米）
壤土	1/1 000～1/2 000	2～5	50～100
砂土	3/1 000～7/1 000	2.5～5	15～25
砂壤土	5/1 000	2～3	7～15

4. 灌溉要求　为保证灌水均匀，应使畦田上的薄层水流在畦田各点处的滞留时间相等，这样才有可能使畦田各点处的土壤入渗时间相同，从而使畦田各点渗入土壤中的水量大致相等。因此，实施畦灌时，通常采用改水成数法，控制畦首供水时间，及时封口改水，即以畦田薄水层水流长度与畦长的比值作为畦首供水时间的依据，当薄水层水流到达畦长的一定距离时封堵该畦田入水口，并改水灌溉另一块畦田。改水成数应根据灌水定额、土

壤性质、地面坡度、畦长和单宽流量等条件确定，一般可采用七成、八成、九成或满流封口改水措施。当土壤透水性较小，畦田坡度较大，灌水定额不大时，可采用七成或八成。若畦田坡度小、土壤透水性强，灌水定额又较大时，应采用九成封口改畦措施。据各地灌水经验，在一般土壤条件下，畦长 50 米时宜采用八成改水，畦长 30～40 米时宜采用九成改水，畦田长小于 30 米应采用十成改水。

3.2.3 节水型畦灌技术

近十多年来，我国广大灌区，为彻底杜绝大水漫灌、大畦和大块漫灌，以节约灌溉水，提高灌水质量，降低灌水成本，推广应用了许多项先进的节水型畦灌技术，取得了明显的节水和增产效果。

1. 小畦灌 小畦灌主要是指畦田“三改”灌水技术，“长畦改短畦，宽畦改窄畦，大畦改小畦”：小畦灌的畦田，通常又称“方田”。

小畦灌畦田宽度，自流灌区为 2～3 米，机井灌区以 1～2 米为宜。地面坡度 1/1000～1/400 时，单宽流量为 2.0～4.5 升/秒，灌水定额为 300～675 米^3/公顷；畦长，自流灌区以 30～50 米为宜，最长不超过 80 米，机井和高扬程提水灌区以 30 米左右为宜。畦埂高度一般为 0.2～0.3 米，底宽 0.4 米左右，地头埂和路边埂可适当加宽培厚。

灌区推广小畦灌和小块灌的原因，主要是它们有如下优点：

(1) 节约水量、易于实现小定额灌水。大量试验资料表明，灌水定额是随畦长的增加而增大，也就是说，畦长越长，畦田水流的入渗时间越长，因而灌水量也就越大。所以，减小畦长，灌水定额可减少，就能达到节约水量的目的。

(2) 灌水均匀，浇地质量高。由于畦块小，水流比较集中，水量易于控制，入渗比较均匀，可以克服高处浇不上，低处水汪汪等不良现象。据测试，不同畦长的灌水均匀度为：畦长 30～50 米时，灌水均匀度都在 80％以上，符合科学用水的要求；而畦长大于 100 米时，灌水均匀度则达不到 80％的要求。

（3）防止深层渗漏，提高田间水的有效利用率。小畦灌深层渗漏量小，从而可防止灌区地下水位上升，预防土壤沼泽化和土壤盐碱化发生。据灌水前后对 200 厘米上层深度的土壤含水量测定表明：畦长 30～50 米时，未发现深层渗漏（即入渗未超过 1.0 米土层深度）；畦长 100 米，深层渗漏量较微；畦长 200～300 米，深层渗漏水量平均要占灌水量的 30％左右，几乎相当于小畦灌法灌水定额的 50％。

（4）减轻土壤冲刷，减少土壤养分淋失，土壤板结减轻。由于畦块大，畦块长，则灌水量大，就易严重冲刷土壤，易使土壤养分随深层渗漏而损失。小畦灌灌水量小，有利于保持土壤结构，保持和提高土壤肥力，促进作物生长，增加产量。

2. 长畦分段短灌灌水技术 小畦灌灌水技术需要增加田间输水渠沟和分水、控水装置，畦埂也较多，在实践中推广应用存在有一定的困难。为此近年来，在我国北方干旱缺水地区出现了一种将一条长畦分成若干个没有横向畦埂的短畦，采用地面纵向输水沟或塑料薄壁软管，将灌溉水输送入畦田，然后自下而上或自上而下依次逐段向短畦内灌水，直至全部短畦灌完为止的灌水技术，称为长畦分段短灌灌水技术。

长畦分段短灌，若用输水沟输水和灌水，同一条输水沟第一次灌水时，应由长畦尾端短畦开始自下而上分段向各个短畦内灌水。第二次灌水时，应由长畦首端开始自上而下向各分段短畦内灌水，输水沟内一般仍可种植作物。长畦分段短灌，若用低压薄壁塑料软管（俗称小白龙）输水、灌水，每次灌水时均可将软管直接铺设在长畦田面上，软管尾端出口放置在长畦的最末一个短畦的上端放水口处开始灌水，该短畦灌水结束后可采用软管“脱袖法”脱掉一节软管，自下而上逐个分段向短畦内灌水，直至全部短畦灌水结束为止。

长畦分段短灌技术的畦宽可以宽至5～10米，畦长可达200米以上，一般均在100～400米左右，但其单宽流量并不增大。这种灌水技术的要求是：正确确定入畦灌水流量，侧向分段开口的间距（即短畦长度与间距）和分段改水时间或改水成数。

3. 块灌法与水平畦灌法 块灌法在我国农田灌溉发展中已有上千年历史、水平畦灌法是块灌法中田块纵向和横向向两个方向的田而坡度均为零的畦田灌水方法。

目前，有关块灌法和水平畦灌法的理论与技术的研究及其应用，我国尚处于起步阶段。但实际上，我国北方地势平坦的渠灌区，像内蒙古河套灌区，宁夏青铜峡灌区，甘肃河西走廊灌区，新疆和黑龙江农垦灌区，以及华北等地区畦田、块田宽度较大而长度又较短的广大井灌区，往往田面纵、横两个方向的地面坡度很小，当地农民群众至今仍在采用块灌法或类似于水平畦灌法的无坡块灌法。

（1）块灌法。块灌灌水方法是以薄层水流向田间土壤表面输送，并主要以重力作用湿润土壤，毛细管作用虽有，但不如重力作用大。因此，块灌法仍归属于畦灌法范畴。

但是，块灌法与畦灌法又有区别，其差异主要表现在块田与畦灌的宽度相差甚大，从而导致土壤表面薄层水流的推进运动有显著不同。块灌法入块田水流推进不仅有纵向流动，同时横向扩散也非常明显，块灌法的灌水技术必须考虑这种影响。而畦灌法，其畦田宽度较小，薄层水流沿畦长方向的纵向推进是主流，横向扩散影响不明显，故一般都不考虑硅宽对入畦薄层水流可能产生的影响。

（2）水平畦灌法。水平畦灌是在短时间内供水给大面积地块的一种新的地面灌水方法，也是一种节约灌溉用水的先进灌水技术。

水平畦灌的主要特点是：①畦田地块非常平整，畦田田面各方向的坡度都很小（≤1/3 000）或为0，整个畦田田面可看作是水平田面。所以，水平畦田上的薄层水流在田面的推进过程中，将不受畦田田面坡度因素的影响，而只借助于薄层水流沿畦田流程水深变化所产生的水流压力向前推进；②进入水平畦田的总流量很大、以便入畦薄层水流能在短时间内迅速布满整个畦田地块；③进入水平畦田的薄层水流主要以重力作用、静态方式逐渐渗入到作物根系土壤区内，而与一般畦灌和有坡块灌主要靠动态方式下渗不同，故它的水流消退只有垂直消退过程，消退曲线为一条水平直线；④由于水平畦田首末两端地向高差很小或为零，所以对水平畦田面的平整程度要求很高，从而一般情况下，水平畦田不会产生田面泄水流失或出现畦田首端入渗水量不足及畦田末端发生深层渗漏现象，灌水均匀度高。在土壤入渗速度较低的土壤条件下，灌溉田间水利用率可达98%以上。

4. 宽浅式畦沟结合灌水技术 宽浅式畦沟结合灌水技术，是群众创造的一种适应间作套种的立体栽培作物，“二密一稀”种植的灌水畦与灌水沟相结合的灌水技术。通过近年来的试验和推广应用，已证明这是一种高产、省水、低成本的优良灌水技术。

这种灌水技术的特点是：①畦田和灌水沟相间交替更换，它的畦田面宽为40厘米，可以种植两行小麦（就是“二密”），行距10～20厘米。②小麦播种于畦田后，可以采用常规畦灌或长畦分段灌水技术灌溉。③小麦乳熟期，在每隔两行小麦之间开挖浅沟。套种一行玉米（就是“一稀”），套种的玉米行距为90厘米。在此时期，如遇干旱，土壤水分不足，或遇有干热风时，可利用浅沟灌水，灌水后借浅沟湿润土壤，为玉米播种和发芽出苗提供良好的土壤水分条件。④小麦收获后，玉米已近拔节期，可在小麦收割后的空白畦田田面处开挖灌水沟，并结合玉米中耕培土，把从畦田田面上挖出的土壤覆在玉米根部，就形成了垄梁及灌水沟沟埂，而原来的畦田田面则成为灌水沟沟底。其灌水沟的间距正好是玉米的行距，潜水沟的上口宽则为50厘米，这种做法，既可使玉米根部牢固，防止倒伏，又能多蓄水分，增强耐旱能力。

宽浅式畦沟结合灌水方法，虽适宜于在遭遇天气干旱时，采用“未割先浇技术”，以一水促两料作物。这就是，在小麦即将收割之前，先在小麦行间浅沟内，给玉米播种前进行一次小定额灌水，这次灌水不仅对小麦籽粒饱满和提早成熟有促进作用，而且对玉米播种出苗或出苗后的幼苗期土壤层内，增加了土壤水分，提高了土壤含水量，从而对玉米出苗或出苗后壮苗也有促进作用。

宽浅式畦沟结合灌水技术的优点：①灌溉水流入浅沟以后，就由浅沟沟壁向畦田土壤侧渗湿润土壤，因此，对土壤结构破坏少。②蓄水保墒效果好。③灌水均匀度高，灌水量小，一般灌水定额35米^3/亩左右即可，而且玉米全生育期灌水次数比一般玉米地还可以减少1～2次，耐旱时间较长。④能促使玉米适当早播，解决小麦、玉米两茬作物“争水、争时、争劳”的尖锐矛盾和随后的秋夏两茬作物“迟种迟收”的恶性循环问题。⑤通风透光好，培土厚，作物抗倒伏能力强。⑥施肥集中，养分利用充分，有利于两茬作物获得稳产、高产。这是我国北方广大旱作物灌区值得推广的节水灌溉新技术。但是，它也存在有一定缺点，主要是田间沟、畦多，沟和畦要轮番交替更换，劳动强度较大，费工也较多。

3.3 沟灌法

3.3.1 沟灌法概述

沟灌法是在作物种植行间开挖灌水沟，灌溉水由输水沟或毛渠进入灌水沟后，在流动的过程中主要借土壤毛细管作用从沟底和沟壁向周围渗透而湿润土壤的；与此同时，在沟底也有重力作用浸润土壤。因此，沟灌法与畦灌法相比较，更具有明显的优点。一般，沟灌的主要优点是，灌水后不会破坏作物根部附近的土壤结构，可以保持根部土壤疏松，通气良好；不会形成严重的田面土壤板结，能减少深层渗漏；在多雨季节，还可以利用灌水沟汇集地面雨水，并起排水沟的作用；沟灌能减少作物植株之间的土壤蒸发损失，有利于土壤保墒；开灌水沟时还可对作物兼起培土作用，对防止作物倒伏效果显著。但是，沟灌法需要开挖灌水沟，劳动强度较大。若能采用机械开沟，则可使开沟速度加快，开沟质量提高，劳动强度减弱。

沟灌法适用于灌溉宽行距的中耕作物，如棉花、玉米和薯类等作物，某些宽行距的蔬菜也采用沟灌法，窄行距作物一般不适合用沟灌。沟灌法比较适宜的土壤是中等透水性的土壤。适宜于沟灌的地面坡度一般在 0.005～0.02 之间。地面坡度不宜过大，否则，水流流速快，容易使土壤湿润不均匀，而且达不到预定的灌水定额。

3.3.2　沟灌灌溉技术

1. 灌水沟的规格　灌水沟的规格主要指灌水沟的间距、灌水沟的长度和灌水沟的断面结构等而言。灌水沟规格的确定是否合理，将对沟灌法灌水质量、灌水效率、土地平整工作量以及田间灌水沟的布置等影响很大，应依据沟灌田间试验资料和群众沟灌灌水实践经验认真分析研究，合理确定。

（1）灌水沟的间距，也就是沟距，应和沟灌的湿润范围相适应，并应满足农业耕作和栽培的要求。沟灌灌水时，由于灌溉水沿灌水沟向土壤中入渗的同时，受着两种力的作用。其中，重力作用主要使沿灌水沟流动的灌溉水垂直下渗，而毛细管力的作用除使灌溉水向下浸润外，亦向四周扩散，甚至向上浸润。因此，沿灌水沟断面不仅有纵向下渗湿润土壤，同时也有横向入渗浸润。灌水沟中纵、横两个方向的浸润范围主要取决于土壤的透水性能与灌水沟中的水深，且与灌水沟中水流的时间长短有关。由于在轻质土壤上，灌水沟中的水流受重力作用，其垂直下渗速度较快，而向四周沟壁的侧渗速度相对较弱，所以其土壤湿润范围呈长椭圆形。在重质土壤上，毛细管力的作用较强烈，灌水沟中水流通过沟底的垂直下渗与通过沟壁的侧渗接近平衡，故其土壤湿润范围呈扁椭圆形。见图 3－4 所示。

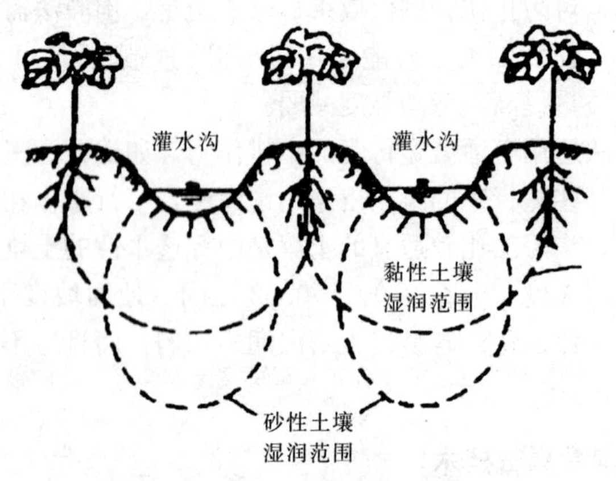

图 3－4　灌水沟土壤湿润范围示意图

为使土壤湿润均匀，灌水沟的间距应使土壤的浸润范围相互连接。因此，在透水性较强的轻质土壤上，其灌水沟沟距应较窄；而透水性较弱的重质土壤上，其沟距应适当加宽。不同土质下的灌水沟间距见表 3－3。

为了保证一定种植面积上栽培作物的植株数目，在一般情况下。灌水沟间距应尽可能与作物的行距相一致。作物的种类和品种不同，其所要求的种植行距也不相同。因此，在实际操作中，若根据土壤质地确定的灌水沟间距与作物的行距不相适应时，应结合当地的具体情况，考虑作物的行距要求，适当调整灌水沟的间距。

表 3-3　不同土质条件下的灌水沟间距

土质	轻质土壤	中质土壤	重质土壤
间距（厘米）	50～60	65～75	75～80

土质	轻质土壤	中质土壤	重质土壤
间距（厘米）	50～60	65～75	75～80

（2）灌水沟的长度。灌水沟的长度与土壤的透水性和地面坡度有直接关系。地面坡度较大，土壤透水性能较弱时，潜水沟长度可以适当长一些；而在地面坡度较小，土壤透水性较强时，要适当缩短沟长。根据灌溉试验结果和生产实践经验，一般砂壤土上的沟长约 30～50 米，黏性土壤上的沟长在 50～100 米左右。蔬菜作物的沟长一般较短，农作物的沟长较长。但沟长不宜超过 100 米，以防产生田间灌水损失，影响田间灌水质量，为提高田间灌溉水有效利用率和灌水均匀度奠定基础。

表 3-4　不同土壤、灌水定额和地面坡度等条件下的灌水沟长度

单位：米

土质		轻质土壤			中质土壤			重质土壤		
畦间距		3.75	4.50	5.25	3.75	4.50	5.25	3.75	4.50	5.25
坡度	0.001	30	35	45	20	25	35	20	25	30
	0.001～0.003	35	40	60	30	40	55	30	45	50
	0.004	50	65	80	45	60	70	45	50	60

2. 沟灌法灌水技术参数　沟灌法湿润土壤的过程和原理基本上与畦灌法相同。沟灌法的灌水技术主要是控制和掌握灌水沟长度与输入灌水沟的单沟流量。灌水沟长度与单沟流量都与土壤的透水性能、地形坡度以及灌水定额和灌水沟的形状等因素有关，而且它们之间也互相制约。

封闭沟灌法在灌水停止后、其灌水沟中的流动水流，一般有两种情况；第一种情况是沟中水流除在灌水期间渗入到土壤中的一部分水量外、还在沟中存蓄一部分水量；第二种情况是，在一些地面坡度较大、土壤透水性小的地区，实践中多采用细流沟灌，沟中水流在灌水期间全部下渗到土壤计划湿润深度内，灌水停止后，沟内不存蓄水量。

对于第一种情况，封闭灌水沟各技术要素之间有如下关系：

(1) 计划灌水定额应等于在 t 时间内渗入土壤中的水量与灌水停止后在沟中存蓄的水量之和，其计算式等于：

$$maL = (b_0 h + p_0 \bar{k_t} t)L$$

因此，$h = \dfrac{ma - p_0 \bar{k_t} t}{b_0} = \dfrac{ma - p_0 H_t}{b_0}$ 式 (3-5)

式中：h——沟中平均蓄水深度（米）；

a——灌水沟的间距（米）；

m——灌水定额（米）；

L——沟长（米）；

b_0——灌水沟中的平均水面宽度（米），$b_0=b+\phi h$；

b——灌水沟的沟底宽度（米）；

ϕ——灌水沟的边坡系数；

p_0——在时间 t 内灌水沟的平均有效湿润周长（米）；

t——灌水时间（小时）；

H_t——t 时间内的土壤平均入渗水量（米）。

(2) 封闭灌水沟的沟长与地面坡度及沟中水深的关系，用下述计算式表示：

$$L = \frac{h_2 - h_1}{i}$$ 式 (3-6)

式中：h_1——灌水停止时封闭灌水沟的沟首水深（米）；

h_2——灌水停止时封闭灌水沟的沟尾水深（米）；

L——沟长（米）；

i——灌水沟的坡度。

为了使土壤湿润均匀，式（3－6）中的 h_2-h_1 的差值应不超过 0.06～0.07 米。如灌水沟的最小极限坡度为 0.002，则灌水沟的最小长度为 30～35 米。

（3）当灌水沟的沟长与入沟流量为已知时，其灌水时间与其他灌水技术要素间的关系为：

$$qt=maL$$

$$t=\frac{maL}{q} \qquad \text{式（3－7）}$$

对于第二种情况，封闭灌水沟各灌水技术要素之间有如下关系：

（1）在灌水时间 t 内的入渗水量等于计划的灌水定额，也即：

$$maL=p_0\bar{K}_tL=p_0K_0t^{1-\alpha}L \qquad t=(\frac{ma}{K_0P_0})^{1/(1-\alpha)}$$

式（3－8）

式中：$\bar{K}_t$——t 时间内的土壤平均入渗速度（半/小时），$\bar{K}_t=K_0t^{-\alpha}$；

其余符号的意义同式（3－5）。

此处计算的时间 t 实质上是沿灌水沟各点处湿润土壤均匀并达到计划灌水定额所需要的入渗时间与畦灌同理，若不考虑滞渗时间，则可近似认为是沟口的放水时间，一般不会产生较大的偏差。

（2）灌水流量与沟长的关系同式（3－7），即：$qt=maL$。由上述沟灌灌水技术要素之间的关系可以看出，在地面坡度小，土壤透水性能强，土地平整较差时，应使灌水沟长度短一些，入渗流量大一些，以使沿灌水沟湿润土壤均匀，沟首端不发生深层渗漏、沟尾瑞不产生泄水流失。当地面坡度大，土壤透水性弱，土地平整较好时，应使灌水沟长一些，入沟流量小一些，以保证有足够的湿润时间。根据目前我国各地封闭沟沟灌实践经验，入沟流量一般为0.5～3.0升/秒。为使入沟流量适当，可根据以间毛渠或输水沟的流量大小，调整同时开口放水的灌水沟数目。表3-5为河南引黄灌区沟灌技术要素表。

3. 沟灌法灌水要求 为了保证沿灌水沟长度各点湿润土壤均匀，就必须控制各点处的土壤入渗时间大致相等，也就是应严格控制沟灌的灌水实践。在沟灌生产实践中，其灌水时间的控制方法与畦灌法相同，即采用及时封沟改水的改水成数法。根据沟灌灌水定额、土壤透水性以及灌水沟的纵坡、沟长和入沟流量等条件，改水成数采用七成、八成或九成或满沟封口改水等方法，一般地面坡度大。入沟流量大或土壤透水能力小的灌水沟，改水成数应取低值；地面坡度小，入沟流量小，或土壤透水性能强的灌水沟，应选取较大的改水成数。

表3-5 河南省引黄灌区灌水沟长度与灌水流量关系表

土壤透水性	沟底比降	沟长（m）	灌水沟流量（米^3/秒）	沟中水深与沟深比
强	0.01～0.004	60～80	0.6～0.9	1/3以下
	0.004～0.002	40～60	0.7～1.0	2/3以下
	<0.002	30～40	1.0～1.5	2/3以下
中	0.01～0.004	80～100	0.4～0.6	1/3以下
	0.004～0.002	70～90	0.5～0.6	1/3以下
	<0.002	40～60	0.7～1.0	2/3以下
弱	0.01～0.004	90～120	0.2～0.4	1/3以下
	0.004～0.002	80～100	0.4～0.5	1/3以下
	<0.002	50～80	0.5～0.6	2/3以下

3.3.3 节水型沟灌技术

目前，北方灌区实施沟灌的主要问题是不严格按沟灌灌水技术要求灌水，采用大水沟漫灌，浪费水十分严重。节水的沟灌灌水技术主要有以下几种。

1. 封闭式直形沟沟灌技术 封闭式直形沟沟灌主要适用于土壤透水性较强、地面坡度较小的地块。一般封闭沟沟距约0.6～0.7米，沟深约0.15～0.25米，沟长为30～50米。当地面坡度为1/400～1/1 000时，单沟流量一般为0.5～1.0升/秒，灌水定额为20～40米^3/亩。灌水时，将3～5条灌水沟划为一组，由两人看管。一人在灌水沟首负责调剂入沟流量、巡护渠道和改灌水沟沟口，另一人随水流疏通灌水沟，掌握各沟水流进度。

2. 方形沟沟灌技术 方形沟沟灌主要适用于地形较复杂，地面坡度较陡（1/50～1/200）的地段。灌水沟长一般约2～10米，地面坡度陡时宜短，坡缓时宜长。每5～10条灌水沟为一组，组间留一条沟作为输水沟，就成为一个方形沟组。灌水时，从输水沟下段第一方形组开口，由下而上浇灌。第二次灌水时，仍利用原渠口由上而下浇灌。方形沟沟灌需要通过掌握沟内蓄水深度来控制灌水定额。一般沟中水深蓄到10～13厘米时，灌水定额可达40米^3/亩。

3. 八字沟沟灌技术 八字沟沟灌由输水沟或者分水沟引水，经引水短沟（长1.0～1.5米），然后分水到灌水沟内（见图3～5）。每一八字沟，可以控制5～9条灌水沟。八字沟向灌水沟灌水时应先远后近，待两侧逆水沟流到1/3沟长后，再向中间灌水沟灌水，这样就可以较好地控制入沟水量，克服各沟进水不均匀的缺点。八字沟适用于地形较复杂的地块。

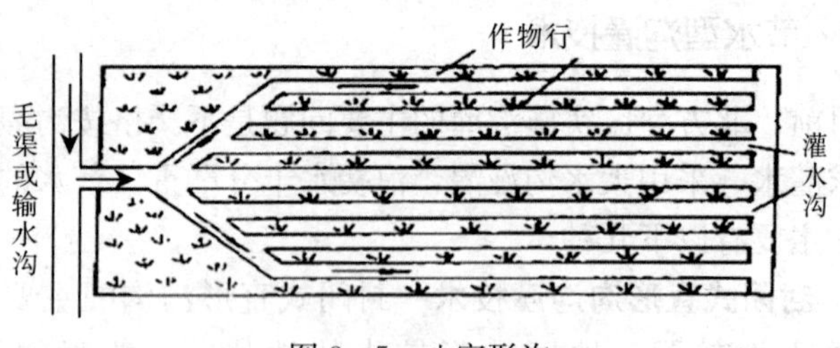

图 3-5　八字形沟

4. 细流沟灌技术　细流沟灌是用短管（或虹吸管）或从输水沟上开一小口引水。流量较小，单沟流量为 0.1～0.3 升/秒。沟内水深一般不超过沟深的 1/2，大约为 1/5～2/5 沟深。因此，细流沟灌在灌水过程中，水流在灌水沟内，边流动边下渗，直到全部灌溉水量均渗入土壤计划湿润层内为止，一般放水停止后在沟内不会形成积水，故属于在灌水沟内不存蓄水的封闭沟类型。

细流沟灌的优点是：①由于沟内水浅，流动缓促，主要借毛细管作用浸润土壤，水流受重力作用湿润土壤的范围小，所以对保持土壤结构有利。②可减少地面蒸发量，比灌水沟内存蓄水的封闭沟沟灌蒸发损失量减少 2/3～3/4。③可使土壤表层温度比存蓄水的封闭沟灌提高 2℃左右。④湿润土层均匀，而且深度大，保墒时间长。

细流沟灌的形式一般有如下三种。

（1）垄植沟灌，如图 3-6（a）。作物顺着地面最大坡度方向播种，第一次灌水前在行间开沟，作物种植的垅背上。

（2）沟植沟灌，如图 3-6（b）。灌水前先开沟，并在沟底播种作物（播种中耕作物一行，密植作物三行），其沟底宽度应根据作物的行数而定。沟植沟灌最适用于风大，冬季不积雪，而又有冻害的地区。

（3）混植沟灌，如图 3-6（c）。在垄背及灌水沟内部种植作物。这种形式不仅适用于中耕作物，也适用于密植作物。

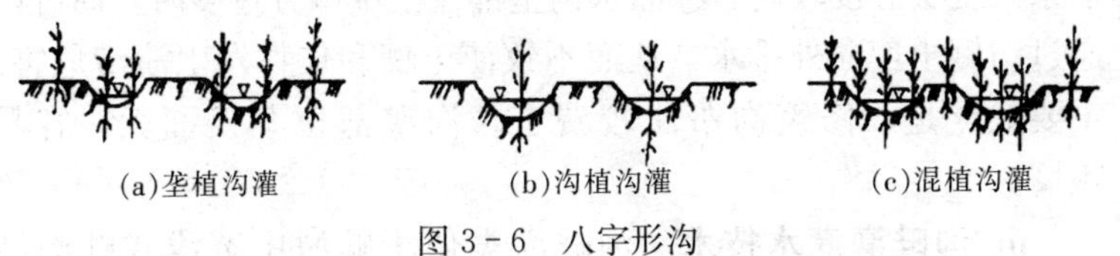

图 3-6　八字形沟

细流沟灌灌水技术要素的选用：①入沟流量控制在 0.2～0.4 升/秒为最适宜；大于 0.5 升/秒时沟内将产生严重冲刷，湿润均匀度差。②沟长：中、轻壤土，地面坡度在 0.01～0.02 时，一般控制在 60～120 米。③沟宽、沟深和间距：灌水沟在灌水前开挖，以免损伤禾苗，沟断面宜小，一般沟底宽为 12～13 厘米，上口宽为 25～30 厘米，深度约 8～10 厘米，间距 60 厘米。④放水时间：细流沟灌主要借毛细管力下渗，对于中壤土和轻壤土，一般采用十成改水，土壤逆水性差的土壤，可以允许在沟后稍有泄水。

5. 沟垄灌灌水技术　沟垄灌灌水技术（图 3-7），是在播种前，根据作物行距的要求，先在田块上按两行作物形成一个沟垄，在垄上种植两行作物，则垄间就形成灌水沟，留作灌水使用。因此，其湿润作物根系区土壤的方式主要是靠灌水沟内的旁侧土壤毛细管作用渗透湿润。

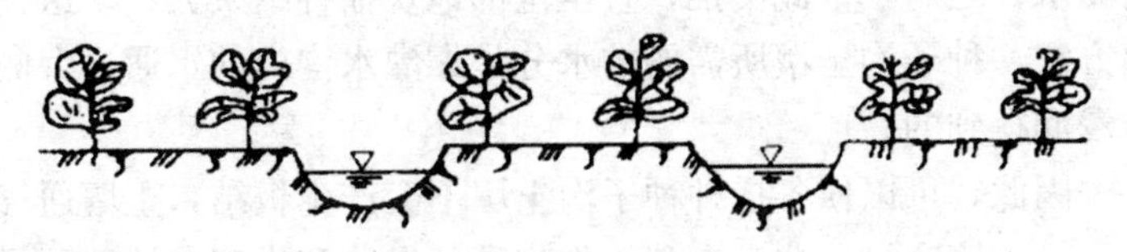

图 3-7　沟垄灌

沟垄灌方法，一般多适用于棉花、马铃薯等薯类作物或宽窄行相间种植作物，是一种既可以抗旱又能防渍涝的节水沟灌方法，这种方法的主要优点：①灌水沟垄部位的土壤疏松，土壤通气状况好。土壤保持水分的时间持久，有利于抗御干旱。②作物根系区土壤温度较高。③灌水沟垄部位土壤水分过多时，尚可以通过沟侧土壤向外排水，从而不致使土壤和作物发生渍涝危害。主要缺点是，修筑沟垄比较费工，沟垄部位蒸发面大，容易跑墒。

6. 沟畦灌灌水技术 沟畦灌类似于畦灌中宽浅式畦沟结合的灌水方法。这种沟畦灌是以三行作物为一个单元，把每三行作物中的中行作物行间部位处的土壤，向两侧的两行作物根部培土，形成土垄，而中行作物只对单株作物根部周围培土，行间就形成浅沟，留作灌水时使用。沟畦灌方法大多用于灌溉玉米作物。它的主要优点是，培土行间以旁侧入渗方式湿润作物根系区土壤，根部土壤疏松，湿润土壤均匀，土壤通气性好。

7. 播种沟灌水技术 播种沟沟灌主要适用于沟播作物播种缺墒时灌水使用。当在作物播种期遭遇干旱时，为了抢时播种促使种子发芽，保证出苗齐，出苗壮，而采用的一种沟灌灌水技术。

播种沟沟灌的具体技术是，依据作物计划的行距要求，犁第一犁开沟时随即播种下籽；犁第二沟时作为灌水沟，并将第二犁翻起来的土正好覆盖住第一犁沟内播下的种子，同时立即向该沟内灌水；之后，依此类推，直至全部地块播种结束为止。这种沟灌方法，种子沟土壤所需要的水分是靠灌水沟内的水通过旁侧渗透浸润得到的。

因此，可以使各播种种子沟土壤不会产生板结，土壤通气性良好，土壤疏松，非常有利于作物种子发芽和出苗。播种种子沟可以采取先播种，之后再灌水；或随播种随灌水等方式，以不延误播种期，并为争取适时早播提供方便条件。

8. 沟浸灌“田”字形沟灌水技术 沟浸灌“田”字形沟灌（图 3－8），是水稻田地区在水稻收割后种植旱作物的一种灌水方法。由于采用有水层长期掩灌的稻田，其耕作层下，通常都形成有透水性较弱的密实土壤层（犁底层），这对旱作物生长期间，排除因降雨或灌溉所产生的田面积水或过多的土壤水分是不利的。据经验总结和试验资料，采用这种沟灌方法可以同时起到旱灌涝排的双重作用，小麦沟浸灌比格田淹灌可以节水 31.2%，增产 5.0%左右。

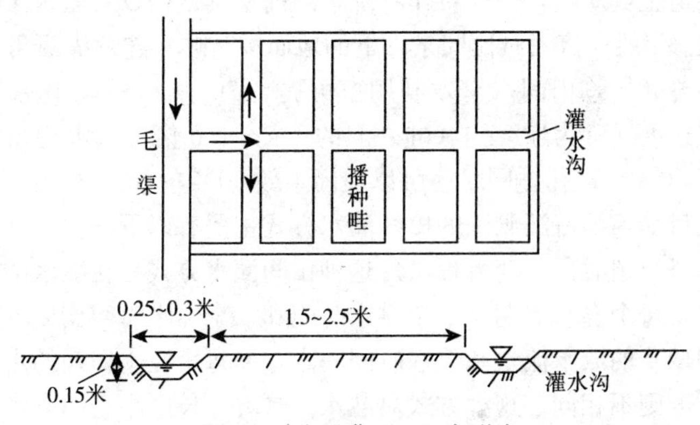

图 3－8　沟浸灌“田”字形沟

9. 隔沟灌技术　采用隔沟灌灌水时，不是向所有灌水沟都放水，而是对灌水沟实施间隔放水，一般多采用间隔一条灌水沟灌一条灌水沟的方法。这种方法主要适用于作物需水少的生长阶段，或地下水位较高的地区，以及宽窄行作物。通常宽行间的灌水沟实施灌水，而窄行间的沟则不进行灌水。这种隔沟灌水方法是在作物某个时期只对某些灌水沟实施灌水，而在另一个时期，则对其相邻的灌水沟灌水。这样，由于作物根系的向水性，可以用这种控制隔沟灌水方法来控制作物根系的生长，同时也达到了节水的目的。

3.3.4　涌流灌溉法

涌灌灌溉，是对地面沟、畦灌的发展，又称波涌灌溉或间歇灌溉。涌流灌溉是把灌溉水断续性地按一定周期向灌水沟（畦）供水，与传统的地面沟（畦）灌不同，它向灌水沟（畦）供水不连续，灌溉水流也不是一次就推进到灌水沟（畦）末端；而是水在第一次供水输入潜水沟（畦）达一定距离后，暂停供水，然后过一定时间后，再继续供水，如此分几次间歇反复地向灌水沟（畦）供水的地面灌水新技术。涌流灌溉的潜水效果与节水效益主要与土壤质地，田面耕作状况，灌前土壤结构以及灌水次数等有关。一般涌流灌溉比同条件下的地面沟（畦）连续灌溉可节水10%～40%，田间水有效利用率可提高20%～45%，田面水流推进速度通常为连续沟（畦）灌的1.2～1.6倍，灌水均匀度可提高10%～25%，同时还可以提高工效30%左右。

目前，涌流灌溉法的田间灌水方式主要有以下三种：

（1）定时段—变流程法。这种田间灌水方式是在灌水的全过程中，每个灌水周期（一个供水时间和一个停水时间构成一个灌水周期）的放水流量和放水时间一定，而每个灌水周期的水流推进长度则不相同。这种方式对灌水沟（畦）长度小于400米的情况很有效，需要的自动控制装置比较简单、操作方便，而且在灌水过程中也很容易控制。因此，目前在实际灌溉中，涌流灌溉多采用此种方式：

（2）定流程—变时段法。这种田间灌水方式是涌流灌溉每个灌水周期的水流新增推进长度和放水流量相同，而每个灌水周期的放水时间不相等。一般这种方式比定时段—变流程法的增水效果要好，尤其是对灌水沟（畦）长度大于400米，的情况，灌水效果更佳。但是，这种灌水方式不容易控制。劳动强度大，灌水设备也相对比较复杂。

（3）增量法。是以调整控制灌水流量来达到较高灌水质量的一种涌流灌水方式。这种方式在第一个灌水周期内增大流量，使水流快速推进到灌水沟（畦）总长度的3/4的位置处停止供水，然后在随后的几个灌水周期中，再按定时段—变流程法或定流程—变时段法，以较小的流量来满足计划灌水定额的要求。主要适用于土壤透水性能较强的情况。涌流灌溉需向灌水沟（畦）间歇性地交替放水和停水，可通过人工控制或自动控制实现。若用人工对灌水池（畦）进行反复地封门、改口和开口，灌水工作人员的劳动强度非常繁重，而且也很不易按设计计划控制封口、改口和开口的时间以及其流量。因此，涌流灌溉应尽可能配备自动化程度较高的专用控制装置和带阀门的管道。

涌流沟（畦）灌灌水技术要素主要指：①单沟或单宽放水流量；②周期放水时间；③灌水周期数；④循环效率四项。周期放水时间与停水时间之和称为周期时间；放水时间与周期时间之比称为循环率；完成涌流沟、畦灌灌水全过程所需要的放水和停水过程的次数称为周期数。这些参数一般均需通过灌水试验或参考类似条件下的实践经验确定，也可应用理论分析法或经验分析方法确定。

3.4　地膜覆盖节水灌溉技术

3.4.1　概述

地膜覆盖灌水，是在地膜覆盖栽培技术基础上的新式节水型灌水技术。

利用塑料薄膜覆盖作物的栽培技术（简称地膜栽培技术），最早起始于1955年的日本，到1976年已在日本全国推广应用面积达20万公顷。法国于1956年开始示范推广采用，到1976年已达0.35万公顷。美国、意大利等国也都相继采用了这项技术，我国则于1979年由日本引进，现已在我国北方大面积推广应用。尤其在干旱地区的棉花、瓜果和蔬菜等经济作物的种植，都基本采用了地膜覆盖栽培技术，例如新疆地膜栽培面积已超过100万公顷（1 500万亩），其中棉花约占70万公顷（1 050万亩）。

新疆在20世纪80年代初引进地膜覆盖栽培技术后，近十年来又在地膜覆盖栽培的基础上，研究发明了新的地膜覆盖灌水方法，它包括膜侧、膜上和膜下等三类灌水方法。其中膜上灌，也称膜孔灌溉，是在膜侧灌溉的基础上，改垄背铺膜为沟（畦）中铺膜，使灌溉水流在膜上流动，通过作物放苗孔或专用灌水孔渗入到作物根部的土壤中。膜孔灌的形式由1987年的开沟扶埂膜上灌，发展到现在的膜孔沟灌、膜孔畦灌、宽膜膜孔畦灌，以及膜孔畦格田灌、膜缝灌和喷灌膜孔灌等多种形式。正是由于膜上灌溉的蓬勃发展，覆膜宽度由70厘米窄膜发展到现在的180厘米膜宽，田间地膜覆盖率由60%上升到90%。目前新疆膜上灌灌溉面积已发展到20万公顷（300万亩），而膜孔灌的作物已由棉花发展到玉米、瓜菜、甜菜、啤酒花、小麦、高粱和葡萄等十多种作物，地区也由新疆发展到北方的甘肃、宁夏、河南、河北等地。

目前与地膜覆盖栽培技术相配合的节水方法主要有膜上灌溉、膜畦灌、膜沟灌和膜下滴灌技术等。关于膜下滴灌技术在第六、七章论述。

3.4.2 膜上灌溉技术

1. 膜上灌溉技术类型

（1）开沟扶埂膜上灌。开沟扶埂膜上灌是膜上灌最早的应用形式之一。它是在铺好地膜的棉田上，在膜床两侧用开沟器开沟，并在膜侧推出小土埂，以避免水流流到地膜以外去。一般畦长为80～120米，入膜流量0.6～1.0升/秒，埂高10～15厘米，沟深35～45厘米。这种类型因膜床土埂低矮，膜床上的水流容易穿透土梗或漫过土埂进入灌水沟内，既浪费灌溉水量又影响农机作业。

（2）打埂膜上灌。打埂膜上灌技术是将原来使用的铺膜机前的平土板，改装成打埂器，刮出地表5～8厘米厚的土层，在畦田侧向构筑成高20～30厘米的畦埂。其畦田宽0.9～3.5米，膜宽0.7～1.8米。根据作物栽培的需要，铺膜形式可分为单膜或双膜。对于双膜，其中间或膜两边各有 10 厘米宽的渗水带，这种膜上灌技术，畦面低于原田面，灌溉时水不易外溢和穿透畦埂，故入膜流量可加大到 5 升/秒以上。膜缝渗水带可以补充供水不足。目前这种膜上灌形式应用较多，主要用于棉花和小麦田上。双膜或宽膜的膜畦灌溉，要求田面平整程度较高，以增加横向和纵向的灌水均匀度。

此外，还有一种浅沟膜上灌，它是在麦田套种棉花并铺膜的一种膜上灌形式。这种膜上灌技术在确定地膜宽度时，要根据麦棉套种所采用的种植方式和行距大小确定，同时还应加上两边膜侧各留出的 5 厘米宽度，以作为用土压膜之用。如河南商丘地区试验田麦棉套种膜上灌采用的“三一式套种法”，即种植三行小麦，一行棉花，1 米一条带。小麦行距 0.33 米。棉花播种采用点播，株距 0.5 米，每穴双株。膜宽 35 厘米，播种时铺膜，膜边则用土压实，并将土堆成小垄 5～8 厘米高，小麦收割后，再培土至垄高 10～15 厘米，这就形成了以塑料薄膜为底的输水和渗水垄沟。这种膜上灌的适宜入膜流量为 0.6 升/秒，坡度大约为 1‰，灌水沟长度以 70～100 米比较适宜。

（3）膜孔灌溉。膜孔灌溉分为膜孔沟灌和膜孔畦灌两种。膜孔灌溉也称膜孔渗灌，它是指灌溉水流在膜上流动，通过膜孔（作物放苗孔或专用灌水孔）渗入到作物根部土壤中的灌水方法。该灌水技术无膜缝和膜侧旁渗。膜孔畦灌的地膜两侧必须翘起 5 厘米高，并嵌入土埂中。膜畦宽度根据地膜和种植作物的要求确定，双行种植一般采用宽 70～90 厘米的地膜；三行或四行种植一般采用 180 厘米宽的地膜。作物需水完全依靠放苗孔和增加的渗水孔供给，入膜流量为 1～3 升/秒。该灌水方法增加了灌水均匀度节水效果好。膜孔畦灌一般适合棉花、玉米和高粱等条播作物。

膜孔沟灌是将地膜铺在沟底，作物禾苗种植在垄上，水流通过沟中地膜上的专门灌水孔渗入到土壤中，再通过毛细管作用浸润作物根系附近的土壤。这种技术对随水传播的病害有一定的防治作用。膜孔沟灌特别适用于甜瓜、西瓜、辣椒等易受水土传染病害威胁的作物。果树、葡萄和葫芦等作物可以种植在沟坡上，水流可以通过种在沟坡上的放苗孔浸润到土壤。灌水沟规格依作物而异。蔬菜一般沟深30～40厘米，沟距80～120厘米；西瓜和甜瓜的沟深为40～50厘米，上口宽80～100厘米，沟距350～400厘米。专用灌水孔可根据土质不同打单排孔或双排孔，对轻质土地膜打双排孔，重质土地膜打单排孔。孔径和孔距根据作物灌水量等确定。根据试验，对轻壤土、壤土孔径以5毫米，孔距为20厘米的单排孔为宜。对蔬菜作物入沟流量以1～1.5升/秒为宜。甜瓜和辣椒作物严禁在高温季节和中午高温期间灌水或灌满沟水，以防病害发生。

（4）膜缝灌有以下几种类型。

①膜缝沟灌。是对膜侧沟灌进行改进，待地膜铺在沟披上，沟底两膜相会处留有2～4厘米的窄缝，通过放苗孔和膜缝向作物供水。膜缝沟灌的沟长为50米左右。这种方法减少了垄背杂草和土壤水分的蒸发，多用于蔬菜，其节水增产效果都很好。

②膜缝（孔）畦灌。是在畦田田面上铺两幅地膜，畦田宽度为稍大于2倍的地膜宽度，两幅地膜间水流在膜上流动，通过膜缝和放苗孔向作物供水，入膜流量以3～5升/秒为宜，要求土地平整。

③细流膜缝灌。是在普通地膜种植下，利用第一次灌水前追肥的机会，用机械将作物行间地膜轻轻划破，形成一条膜缝，并通过机械再将膜缝压成一条U形小沟。灌水时将水放入U形小沟内，水在沟中流动，同时渗入到土中，湿润作物，达到灌溉目的。它类似于膜缝沟灌，但入沟流量很小，一般流量控制在0.5升/秒为宜，所以它又类似细流沟灌。细流膜缝沟灌适用于1%以上的大坡度地形区。

2. 膜上灌技术的效果 地膜覆盖灌溉的实质，是在地膜覆盖栽培技术基础上，不再另外增加投资，而利用地膜防渗并输送灌溉水流，同时又通过放苗孔，专门灌水孔或地膜幅间的窄缝等向土壤内渗水，以适时适量地供给作物所需要的水量，从而达到节水增产的目的。

如前节所述，在地膜覆盖灌水中，目前推广应用最普遍的类型是膜上灌水技术，尤其是膜孔沟灌和膜孔畦灌，其节水增产效果更为显著。膜上灌技术的突出效果主要表现在以下几个方面。

（1）节水效果突出。根据对膜孔沟灌的试验研究和对其他膜上灌技术的调查分析，与传统的地面沟（畦）灌技术相比较，一般可节水30%～50%，最高可达70%，节水效果显著。

膜上灌之所以能节约灌溉水量，其主要原因如下：

①膜上灌的灌溉水是通过膜孔或膜缝渗入作物根系区土壤内的。因此，它的湿润范围仅局限在根系区域，其他部位仍处于原土壤水分状态。据测定，膜上灌的灌水面积（为局部湿润灌溉）一般仅为传统沟（畦）灌灌水面积（为全部湿润灌溉）的2%～3%，这样，灌溉水就被作物充分而有效地利用，所以水的利用率相当高。

②由于膜上灌水流是在膜上流动，于是就降低了沟（畦）田面上的糙率，促使膜上水流推进速度加快，从而减少了深层渗漏水量，铺膜还完全阻止了作物植株之间的土壤蒸发损失，增强了土壤的保墒作用。所以，膜上灌比传统沟（畦）灌及膜侧沟灌，田间水有效利用率高，在同样自然条件和农业生产条件下，作物的灌水定额和灌溉定额都有较大的减少。

例如，新疆巴州尉力县棉花膜上灌示范田，灌溉定额为62.5米^3/亩，灌水3次，分别为22.4米^3/亩、22.1米^3/亩和18.0米^3/亩，而采用常规沟灌，灌溉定额为104.7米^3/亩，两者相比，膜上灌每亩节水42.2米^3/亩，节水40.8%。新疆昌吉市玉米膜上灌，灌溉定额为96.1米^3/亩。其中，播前灌灌水定额为105米^3/亩，生育期灌水4次，分别为58.0米^3/亩、48.0

米^3/亩、43.1米^3/亩和42.0米^3/亩。而传统沟灌的灌溉定额为599米^3/亩。其中，播前灌灌水定额仍为105米^3/亩，但生育期控水需6次，分别为90米^3/亩、87米^3/亩、84米^3/亩、81米^3/亩、78米^3/亩和74米^3/亩。膜上灌比常规沟灌可节水302.6米^3/亩，节水58%，灌水次数减少了2次。新疆阿勒泰地区灌溉试验站，甜菜膜上灌，生育期灌溉定额为97米^3/亩，比常规沟灌灌溉定额305.7米^3/亩，节水284.7米^3/亩，节水高达81.3%。新疆哈密地区1.3万亩瓜菜，80%实施膜上灌，每次灌水由原来的60米^3/亩，减少为40～45米^3/亩，节水25%～30%。乌鲁木齐河灌溉试验站的啤酒花膜上灌，生育期灌溉定额为277米^3/亩，比大田灌溉定额节水53%。乌鲁木齐县安宁渠灌区2万亩蔬菜膜上灌，比常规灌溉灌水次数减少3～4次，每亩节水300～500米^3/亩，节水30%左右。

（2）灌水质量明显提高。根据试验与调查研究，膜上灌与传统沟（畦）灌相比较。其灌水质量的提高主要表现在以下两个方面。

①在灌水均匀度方面。膜上灌不仅可以提高地膜覆盖沿沟（畦）长度纵方向的灌水均匀度和湿润土壤的均匀度，同时也可以提高地膜沟（畦）横断面方向上的灌水均匀度和湿润土壤的均匀度。这是因为膜上灌可以通过增开或封堵灌水孔的方法来消除沟（畦）首尾或其他部位处进水量的大小，以调整和控制灌水孔数目对灌水均匀度的影响。

②在土壤结构方面。由于膜上灌水流是在地膜上流动或存蓄，因此不会冲刷膜下土壤表面，也不会破坏土壤结构；而通过放苗孔和灌水孔向土壤内渗水，就又可以保持土壤疏松，不致使土壤产生板结。据观测，膜上灌灌水四次后测得的土壤干容重为1.498克/厘米^3，比第一次灌水前测得的土壤干容重1.41克/厘米^3，仅增加不到6%，而传统地面沟（畦）灌灌溉后土壤干容重达到1.68克/厘米^3，比灌前增加了14%。

（3）作物生态环境得到改善。地膜覆盖栽培技术与膜上灌灌水技术相结合，改变了传统的农业栽培技术和耕作方式，也改善了田间土壤水、肥、气、热等土壤肥力状况的作物生态环境。膜上灌对作物生态环境的影响主要表现在地膜的增湿热效应。由于作物生育期内田面均被地膜覆盖，膜下土壤白天积蓄热量，晚上则散热较少，而膜下的土壤水分又增大了土壤的热容量。因此，导致地温提高而且还相当稳定。据观测，采用膜上灌可以使作物苗期地温平均提高1～5℃，作物全生育期的土壤积温也有增加，从而促进了作物根系对养分的吸收和作物的生长发育，并使作物提前成熟。一般粮棉等大田作物可提前7～15天成熟，蔬菜可提前上市，如辣椒可提前20天左右上市。

此外，膜上灌不会冲刷表土，又减少了深层渗漏，从而就可以大大减少土壤肥料的流失。再加上土壤结构疏松，保持有良好的土壤通气性。因此，采用膜上灌水技术为提高土壤肥力创造了有利条件

（4）增产效益显著。出于膜上灌是通过膜孔（缝）等，容易按照作物需水规律，土壤提供了适宜的土壤水分条件，并改善了作物的水、肥、气，而促使作物出苗率高，根系发育健壮，生长发育良好。据观察，棉花出苗率42.17%，株高高出5.3厘米，叶片多2片，果枝多2.1个，蕾数多23个（三年90株的平均数）。采用膜上灌技术的增产效果显著。例如，新疆尉力县膜上灌棉花，在同样条件下单产皮棉为112.78千克/亩，常规沟灌皮棉则为107.29千克/亩，增产5.12%；而且霜前花增加15%。新疆昌吉市玉米膜上灌亩产725千克/亩，常规沟灌玉米为447.5千克/亩，增产了51.8%。新疆乌鲁木齐河灌溉站膜上灌啤酒花亩产873千克/亩，比常规灌增产22千克/亩。新疆乌鲁木齐县安宁渠灌区膜上灌豆荚比常规灌溉豆荚增产200千克/亩以上，辣椒增产达1 000千克/亩以上。

3.4.3 膜孔沟（畦）灌溉技术

1. 灌溉技术特点 近年来，利用塑料薄膜覆盖种植棉花、玉米、小麦、花生以及瓜、菜类作物产量高，品质好，促使我国地膜覆盖栽培技术发展很快。目前与地膜覆盖栽培技术相配合的节水方法主要有膜畦灌和膜沟灌两类。

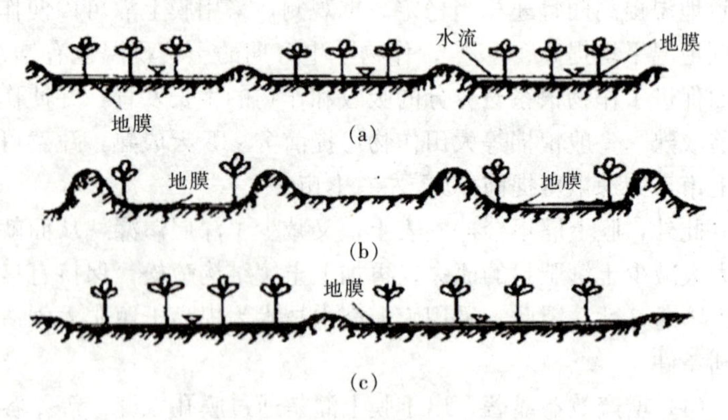

图 3-9 膜畦灌

(a) 培埂膜畦灌 (b) 膜孔膜畦灌 (c) 宽幅膜畦灌

膜畦灌：是将塑料平铺在畦面上，作物种在塑膜下畦面内，灌水时将水引入畦田后，水在膜上流，并经由放苗孔或人工打的补水孔和膜缝渗入土中，见图 3-9 所示。膜沟灌：是将土地整成沟垅间的田块，在沟底和沟坡甚至一部分垅背上平铺上塑料薄膜，作物种在沟坡或垅背上，水流通过沟中地膜上专门打的补水孔渗入土壤内，以土壤毛细管作用浸润作物根区土壤，有时也可通过种在沟坡上的作物放苗孔湿润土壤（图 3-10）。补水孔可根据土质不同打成单排或双排，一般轻质土上的地膜打双排孔、重质土上的地膜打单排孔；孔径、孔距应根据土质和作物灌水量等确定。

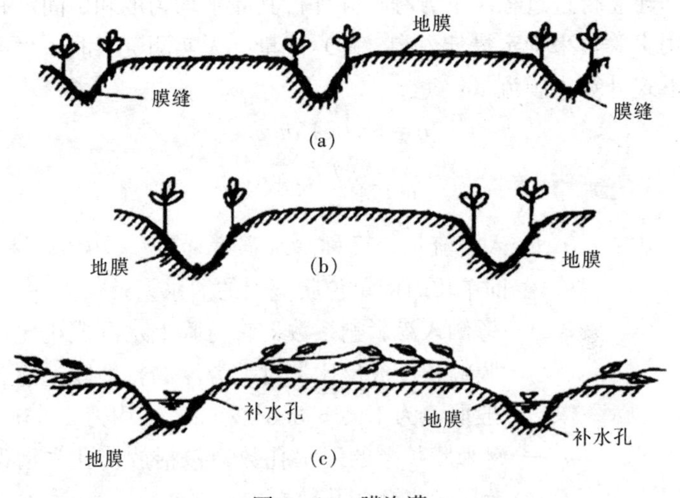

图 3-10　膜沟灌

（a）膜缝沟灌　（b）膜孔沟灌（作物在垄坡）　（c）膜孔沟灌（作物在垄上）

膜畦灌、膜沟灌与传统相比较，具有田面蒸发和深层渗漏减少，不冲刷畦、沟、田面不板结、地面糙率降低，保温保墒和提高田间灌水均匀度及田间灌溉水有效利用率等优点。

2. 膜孔沟（畦）灌溉技术参数　目前地膜覆盖灌溉多采用膜孔沟（畦）灌的形式。膜孔沟（畦）灌属于局部浸润灌溉。为保证作物根系区土层中具有足够的渗水量，以满足作物生长对水分的需要，就必须根据不同的地形坡度，各种土质的膜孔渗吸速度和田间持水量等因素来确定膜孔沟（畦）灌溉的技术要素，其技术要素主要有入膜流量、改水成数、开孔率、膜孔布置形式和灌水历时。

膜孔沟（畦）灌的入膜流量，指单位时间内进入膜沟或膜畦首端的水量，常以升/秒为单位。入膜流量的大小主要根据沟（畦）宽度，土壤质地、地面坡度和单位长度膜渗入的强度的大小等确定。一般应根据田间不同入膜流量的水流行进过程实测资料，建立行进过程图解方程，并评价其灌水均匀度和田间水有效利用率等，来确定最佳入沟（畦）流量。无实测资料时，也可采用下式计算入膜流量：

$$q = 0.001Knu\omega$$

$$\omega = \frac{nd^2}{4}SLN$$

式中：q——入膜流量，又称灌水强度［升/（小时·米）］，即单位时间单位膜宽上的灌水量；

K——旁侧入渗影响系数，它与膜上水深成正比，与膜畦长度成反比，对无旁渗的打埂膜上灌，一般取值为1.46～3.86之间，平均为2.66；

n——每米膜长上的灌水孔数，包括放苗孔和增设的专用灌水孔的孔数在内；

u——土壤的入渗速度，随灌水次数的增加而减少，依田间实测确定（厘米/小时）；

ω——放苗孔和专用灌水孔的平均面积（厘米^2）；

d——放苗孔或灌水孔孔径（直径）（厘米）；

S——孔距（厘米）；

L——膜沟（畦）长度（厘米）；

N——孔口排数，单排孔$N=1$，双排孔$N=2$。

例如，若已知某田块$n=27$，$\omega=8$厘米^2，实测$u=8$厘米/小时，取$K=2.66$，则该田块的入膜流量为$q=0.001\times2.66\times27\times8\times8=4.6$升/（小时·米）。

改水成数是指沟（畦）首停水时膜孔沟（畦）灌溉水流推进长度占总沟（畦）长度的比例，一般对于坡度较平坦的膜孔沟（畦）灌改水成数为1，对坡度较大的膜孔沟（畦）灌要考虑取改水成数0.8～0.95。若有些膜孔沟（畦）灌溉达不到灌水定额时，则要考虑允许尾部泄水以延长灌水历时。

沟（畦）宽度主要根据栽培作物的行距和两膜宽度、耕作机具等要求确定。目前棉花和小麦的膜孔沟（畦）灌分单膜和双膜，地膜宽度一般为120～180厘米。经过对新疆部分地区不同土壤类型的膜孔沟（畦）灌溉调查，当地面坡度在1‰时，对于黏土和壤土。毛渠间距（膜畦长度）应为20～25米。毛渠的流量应为20～30升/秒，畦宽为1米时，开10～15个灌水口，膜畦流量控制在1.5升/（秒·米），改水成数为1。膜畦宽2米时，膜畦流量控制在2～3升/秒。当地面坡度在6‰时，在戈壁黏土情况下，毛渠间距（膜畦长度）一般为60～80米，入膜流量为15～21升/（秒·米），水流到达畦尾后要持续30分钟。根据不同土层厚度和土质情况、膜孔灌水定额在45～55米^3/亩，即可满足作物的正常需水要求。对草甸土，地面坡度在3‰～4‰时，膜畦长以50米较为适宜，入膜流量控制在2升/秒。对沙壤土，地面坡度为4‰时，膜畦长为50～100米，入膜流量为1.1～1.3升/秒较为适宜。

膜孔沟（畦）灌的灌水质量主要用灌水均匀度和田间水有效利用率进行评价。由于膜孔沟（畦）灌的水流是通过膜孔渗入到作物根部的土壤中，与传统沟（畦）灌相比，降低了土壤的入渗强度和地面糙率，使水流的行进速度增加，减少了深层渗漏损失。根据试验研究表明，地面糙率系数随单位面积的孔口面积（开孔率）的减少而减少。在地面坡度和灌水流量一定的情况下，膜孔沟（畦）灌的灌水均匀度是随开孔率的减小而增加。在地势平坦和无尾部泄水的情况下，其田间有效利用率可大大提高。孔口处覆土和不覆土，对孔口入渗也有很大影响，因此，在膜孔沟（畦）灌时要考虑膜孔的开孔率和膜孔覆土与不覆土对灌溉入渗的影响。

3.4.4　膜下灌溉

膜下灌溉一般分为膜下沟灌和膜下滴灌。膜下沟灌是将地膜覆盖在灌水沟上，灌溉水流在膜下的灌水沟中流动，以减少土壤水分蒸发。其入沟流量、灌水技术要素、田间水有效利用率和灌水均匀度与传统的沟灌相同。该技术主要适用于干旱地区的作物。温室灌溉采用该技术可以减少温室的空气湿度，减少和防治病害的发生。

膜下滴灌主要是将滴灌带管铺设在膜下，以减少土壤棵间蒸发，提高水的利用效率。技术更适合干旱半干旱地区。

3.5 淹灌法

淹灌法是先使灌溉水饱和土壤，然后在土壤表面建立并维持一定深度水层的地面灌水方法。它仅适用于水田，如水稻、水生蔬菜以及盐碱地的冲洗改良等，其他作物严禁使用。

淹灌格田布置都应尽量整齐，最好呈矩形或近似矩形。格田长边一般应大致与地面等高线平行布置，短边（即格田宽度）顺地面坡度布置为宜。每个格田均有自己独立的进水口，由毛渠或农渠供水；并应有自己独立的排水口，将废泄水直接排入毛沟或农沟。格田灌排不宜串灌、串排，以提高灌水质量。为便于更有效地控制格田灌排，还可在格田内设置田间水尺或采用自动给水栓和泄水门，以自动控制格田中的水层深度。

为使淹灌格田田面水层均匀，格田田面必须平整，通常格田的地面坡度应小于0.001，一般以0.000 5为最好。格田内的地面高差应根据水稻最浅水层深度确定，以不大于3厘米为宜。格田埂高度一般30～40厘米。格田面积依地形和土质而不同，在平原地区，地形较平坦，格田面积较大，约0.13～0.33公顷，宽25～40米，长约100米；丘陵地区，格田面积一般为0.067～0.198公顷，宽20～30米，长约60～80米，或者更小。

改良盐碱地的冲洗格田，其长度多采用50～100米。宽度约10～20米，面积为0.067～0.198公顷。田埂高度依土质和格田中水层深度并考虑风浪冲击和田埂下陷等因素确定。夯实后的田埂高度，黏土应>30 厘米，砂质土应>40 厘米。供给一块格田的灌水流量应依已制定的灌溉制度或冲洗制度，以实时适量进行灌水，并保证每次灌水所需要建立的水层深度。

近年来，我国北方水稻灌区大面积推广湿润灌溉。水稻湿润灌溉是指水稻整个生育阶段不建立水层，而根据各阶段自然降水后的缺水状况进行补充灌溉的方法。湿润灌溉技术的关键是土壤含水量控制指标，概括各地试验数据，水稻湿润灌溉土壤适宜含水量下限宜控制在田间持水量的 70%～80%，低于这个指标水稻产量将受到影响。另外，水稻生理需水的几个关键时期，如幼苗期、拔节期和灌浆期应保证充分供水，其他时期可根据降水和水源状况、进行补充灌溉。

第四章

现代灌溉技术

4.1 喷灌技术

4.1.1 概述

喷灌是利用水泵加压或自然落差将水通过压力管道经喷头喷射到空中，形成细小的水滴，均匀喷洒在农田上的一种先进灌水方法。

经过多年的努力，全国大部分县开展了喷灌的试点、示范和推广工作。据90年代中期完成的《中国灌溉农业节水规划》预测，到2010年，我国喷灌面积将达到366.7万公顷，2020年将达到666.7万公顷。为了保证喷灌事业的健康发展，我国于1985年颁布了国家标准GBJ85—85《喷灌工程技术规范》和部标准SDL48—85《喷灌工程技术管理规程》，对规划设计的标准化和规范化发挥了重要作用。

1. 喷灌的优点

（1）节约用水。尽管喷灌在世界范围的迅速发展并非仅仅是为了节水，但在水资源严重短缺的我国，喷灌始终是作为一项先进的节水灌溉技术发展的。灌溉水的损失，一是发生在从水源到田间的输水过程中，二是发生在田间灌水过程中。我国灌溉水利用系数仅为0.4～0.45，有一半多的水量在灌溉过程中浪费掉了。喷灌通常采用管道输水、配水，输水损失很小。喷灌是利用喷头直接将水比较均匀地喷洒到作业面上，田面各处的受水时间相同，只要设计正确和管理科学，可以不产生明显的深层渗漏和地面径流。因此喷灌的灌溉水利用系数可以达到0.85以上，较传统的地面灌节水 40%左右。

（2）增加农作物产量、提高农作物品质。喷灌对增加农作物产量的作用是多方面的。首先，喷灌可以适时适量地满足农作物对水分的要求，从每亩喷洒十几立方米水到几十立方米水，只要控制喷洒时间或行喷速度即可实现，这对于精细控制土壤水分、保持土壤肥力、减少肥料流失、适应换茬时两种作物对水分的不同要求极为有利。喷灌像降雨一样湿润土壤，不破坏土壤团粒结构，为作物根系生长创造了良好的土壤状况。喷灌大大减少了渠道和田埂占地，一般可提高耕地利用率 7%～15%，这对于单产较高的小麦等条播作物增产效果明显。有时喷灌还可以提高复种指数，增产效果更为显著。喷灌可以调节田间小气候，增加近地层空气湿度，调节温度和昼夜温差，不但可避免干热风、霜冻对作物的危害，而且可显著提高水果、蔬菜、茶叶、烟草等经济作物的品质。

（3）节省劳力。喷灌在世界范围内得以迅速发展的原因之一，是为了提高农业劳动生产率。我国农业经营正在向集约化、规模化方向发展，同样面临着提高农业劳动生产率的问题。喷灌的机械化程度高，大大减轻灌水的劳动强度和提高作业效率，免去年年修筑田埂和田间渠道的重复劳动。可以说，喷灌是我国今后全面实现农业机械化最有效的灌溉措施之一。

（4）适应性强。喷灌是将水直接喷洒到田面上，并且在一定条件下不产生径流，故灌水均匀度与地形和土壤透水性没有直接的关系，在土壤透水性强或地形坡度较大的条件下仍可以采用喷灌，在大多数情况下无需为灌溉而平整土地和控制地面坡度。

2. 喷灌的缺点

（1）喷洒作业受风的影响。风不但会将喷洒的水滴吹到远处，而且显著改变各方向的射程和水量分布，影响灌水质量，甚至产生漏喷，一般风力大于 3 级时不宜进行喷洒作业。灌溉季节多风的地区应在设备选型和规划设计上充分考虑风的不利影响，如难以解决，则应考虑采用其他灌溉方法。

（2）设备投资高。喷灌系统工作压力较高。对设备的耐压要求也高，因而设备投资一般较高。如固定管道式喷灌系统13 500～18 000元/公顷；半固定管道式喷灌系统 4 500～6 750元/公顷；卷盘式喷灌机约 4 500 元/公顷，大型机组约 6 000 元/公顷。这也是当前制约喷灌发展的主要因素。目前喷灌设备质量不高，加上管理不善，造成设备损坏、丢失，甚至系统提前报废，投入得不到相应回报的问题也比较突出。因此建设喷灌工程必须切实把好设备和施工质量关，管理上也要上个台阶。

（3）耗能高。地面灌只要将水通过渠道、管道送到地头即可实现自流灌溉，喷灌则要利用水的压力使水流破碎成水滴并且喷洒到规定范围内，显然喷灌需要多消耗一部分能源。一般来说喷灌比地面灌耗能多，但在扬程高的提水灌区和地下水埋深大的井灌区也有不少既节水，也节电节油的实例，对此应根据当地条件进行综合分析，作出正确的结论。

喷灌耗能大的问题促进了喷灌向低压化方向的发展，如低压喷头已在大型机组和卷盘式喷灌机上得到广泛的应用，固定管道式喷灌系统也在向降低工作压力方向发展。另外，我国不少丘陵、浅山区有自然水头可以利用，可大力发展自压喷灌。

4.1.2 喷灌系统的组成和分类

1. 喷灌系统的组成 通常喷灌系统由水源工程、水泵和动力机、输配水管道系统、喷头以及附属设备、附属建筑物组成。

（1）水源工程。喷灌系统的水源可以是河流、湖泊、水库、池塘、泉水、井水或渠道水等。喷灌的建设投资较高，设计保证率一般要求不低于85%，水源应满足喷灌在水量和水质方面的要求。对于轻小型喷灌机组，应设置满足其流动作业要求的田间水源工程。

（2）水泵和动力机。除利用自然水头以外，喷灌系统的工作压力均需由水泵提供，与水泵配套的动力机在有供电的情况下应尽量采用电动机，无电地区只能采用柴油机，轻小型喷灌机组为移动方便通常采用喷灌专用自吸泵并以柴油机、汽油机带动。在井灌区等建设的小型喷灌工程往往用水泵一次完成提水和加压工作，建设大型喷灌工程时为了降低系统工作压力，通常采用分级加压的方式。喷灌系统实际工作流量变化大时，应对水泵的运行进行调节，最常用的有增减水泵开启台数和配备压力罐进行水泵工作时间调节等方式。

（3）管道系统。喷灌使用有压水，故一般采用压力管道进行输配水。大型喷灌工程或在渠灌区发展喷灌也可以利用明渠输水，在支渠或斗渠控制范围内设立加压泵站，加压后再进入喷灌管道系统。喷灌管道系统应能承受一定的压力并通过一定的流量，通常分为干管和支管两级。干管起输配水的作用，支管是工作管道，支管上按一定间隔安装竖管，竖管上安装喷头，压力水通过干管、支管、竖管、经喷头喷洒到田面上。必要时可增加一级分干管。管道根据敷设状况可分为地埋管道和地面移动管道，地埋管埋于地下，地面移动管则按灌水要求沿地面铺设。部分喷灌机组的工作管道往往和行走部分结合为一个整体。

（4）喷头。喷头是喷灌系统的专用设备，形式多种多样，但作用都是将管道内的连续水流喷射到空中，形成众多细小水滴，撒落到地面的一定范围内补充土壤水分。对喷头的基本要求：①使连续水流变为细小水滴，称为雾化。②使水滴较均匀地喷洒到地面的一定范围内，称为合理的水量分布。③单位时间内喷洒到地面的水量应适应土壤入渗能力，不产生径流，称为适宜的喷灌强度。单喷头的喷洒范围很有限，水量分布难以达到均匀，故实际应用中经常是多喷头作业，称为喷头组合。作业中喷头边喷边移动时称为行走式喷洒（简称行喷），作业中喷头不移动的称为定点喷洒（简称定喷）。

（5）附属设备、附属工程。喷灌工程中还用到一些附属设备和附属工程。如果从河流、湖泊、渠道取水，则应设拦污设施；

为了保护喷灌系统安全运行，必要时应设进排气阀、调压阀、减压阀、安全阀等。为了喷灌系统安全越冬，应在灌溉季节结束后排空管道中的水，故需设泄水阀或其他设施。为观察喷灌系统的运行状况，在水泵进出管路上应设真空表、压力表以及水表，在管道系统上还应设置必要的闸阀，以便配水和检修，利用喷灌喷洒农药和肥料时，还应有必要的调配和注入设备。附属设备、附属工程对于保证喷灌系统正常运行，充分发挥效益具有重要的意义，应引起足够的重视。

采用卷盘式喷灌机等机组式喷灌系统时应按喷灌的要求规划田间作业道路和供水设施。以电动机为动力时应架设供电线路，配置低压配电和电气控制箱等。

2. 喷灌系统的分类 喷灌系统的形式很多，各具特点，分类的方法也不同。如按喷灌系统获得压力的方式分类，有机压喷灌系统和自压喷灌系统以及原则上属于机压喷灌系统但又具有自压喷灌特点的扬水自压喷灌系统。如按系统构成的特点分类，又可分为管道式喷灌系统和机组式喷灌系统。

（1）机压喷灌系统和自压喷灌系统。机压喷灌系统顾名思义是以机械加压的喷灌系统，一般使用各类水泵加压，动力机可采用电动机、柴油机、汽油机，也可利用拖拉机的动力输出轴提供动力。这是喷灌获取压力最普遍的方式，也是最容易实现的形式，缺点是要消耗能源。水泵的流量要满足灌溉要求，其扬程除应保证喷头工作压力外，还要考虑克服管道沿程和局部损失，以及水源和喷头之间的高差。

自压喷灌系统多建在山丘区，当水源位置高于田面，且有足够的落差时，利用水源具有的自然水头，用管道将水引至喷灌区，把位能转变为压力水头，实现喷灌。自压喷灌依赖于一定的地形条件，反过来，复杂的地形条件也给自压喷灌带来了一些特殊的问题。如系统压力随高程变化而变化，往往相差悬殊，规划设计中要考虑压力分区的问题，有时还要考虑减压、调压的问题等等。这些技术问题并不难解决，但决不能忽视。

使用水泵将低处的水扬至高处的蓄水池中，然后按自压喷灌的方法实现喷灌，是山丘区常见的一种形式。其原因一般是因为供电没有保证，利用用电低峰时先将水扬至蓄水池中，灌溉时不再依赖供电状况。另外利用风力扬水时，因动力不大，往往也采用这种形式积“小水”为“大用”。总之，在山丘区利用自然水头或其他自然能源，甚至错峰用电都是值得大力提倡的。

（2）管道式喷灌系统和机组式喷灌系统。

①管道式喷灌系统。管道式喷灌系统是为区别机组式喷灌系统而命名的。它以管道为主要材料，通过工程措施形成完整的灌溉系统。

管道式喷灌系统具有明显的工程特征，喷灌系统的形成取决于规划、设计、施工的每一个环节，选择的余地大，影响系统性能和质量的因素也多。为适应不同的要求，管道式喷灌系统常分为固定管道式喷灌系统、半固定管道式喷灌系统和移动管道式喷灌系统。

固定管道式喷灌系统的全部管道在整个灌溉季节甚至常年都是固定不动的，一般埋于地下。固定管道式喷灌系统的设备利用率不高，亩投资高，但使用方便，适合经济发展水平高，劳力紧张，以种植灌水频繁、价值高的蔬菜为主的城市郊区，也适合灌水频繁的经济作物。固定管道式喷灌系统为减小设计流量一般采用按支管轮灌的方式。为降低亩投资也可采取同时向各支管供水，但每条支管仅开启一个喷头的方式，这时干管处于多孔出流的状态，水头损失小，支管则仅向一支喷头供水，流量不大，干、支管均可采用较小口径的管道。

半固定管道式喷灌系统干管固定设置，但支管移动使用，大大提高了支管的利用率，减少支管用量，使亩投资低于固定管道式喷灌系统。这种形式在我国北方小麦产区具有很大的发展潜力。为便于移动支管，管材应为轻型管材，如薄壁铝管、薄壁镀锌钢管，并且配有各类快速接头和轻便的连接件、给水栓。

移动管道式喷灌系统的干、支管道均为移动使用。如果干管采用轻型管道沿地面铺设，但灌水中并不移动，移动的仅仅是支管，仍应属半固定管道式喷灌系统的范畴。

②机组式喷灌系统。机组式喷灌系统以喷灌机（机组）为主要设备构成。喷灌机的制造在工厂完成，具有集成度高、配套完整、机动性好、设备利用率和生产效率高等优点，在农业机械化程度高的国家往往采用这种系统。喷灌机必须与水源以及必要的供水设施等组成喷灌系统才能正常工作，而且为了充分发挥喷灌机的作业效率，对田间工程也有要求。故采用机组式喷灌系统时除应选好喷灌机的机型外，还应按喷灌机的使用要求搞好配套工程的规划、设计和施工。我国一般将喷灌机按运行方式分为定喷式和行喷式两类，同时按配用动力的大小又包括大、中、小、轻等多种规格品种。我国应用最多的是轻小型喷灌机，此外电动中心支轴式（时针式）喷灌机、平移式喷灌机、滚移式喷灌机、软管牵引卷盘式喷灌机等大中型喷灌机也有一定范围的应用。这些圆形、平移式和滚移式喷灌机一般采用多跨式结构，可根据地块大小来选择跨数，但跨数过少将影响其经济性，单机控制面积一般为 6 000～12 000 公顷。

软管牵引卷盘式喷灌机属于行喷式喷灌机，规格以中型为主，同时也有小型的产品。国外还应用钢索牵引卷盘式喷灌机，但仅适用于牧草的灌溉。软管牵引卷盘式喷灌机结构紧凑，机动性好，生产效率高，规格多，单机控制面积可达 2 250～4 500 公顷，喷洒均匀度较高，喷灌水量可在几毫米至几十毫米的范围内调节。这种机型适合我国目前的经济条件和管理水平，只要形成农业的适度规模经营或统一种植，即可在一定范围内推广应用。软管牵引卷盘式喷灌机一般采用大口径单喷头作业，故压力要求较高，能耗较大，对于灌水频繁的地区，应慎重选用。软管牵引卷盘式喷灌机的另一个不足之处是需要留出机行道，应在农田基本建设中统一规划，尽量减少占地。

轻小型喷灌机组指10千瓦以下柴油机或电动机配套的喷灌机组，有手抬式和手推式两种，均属定喷式喷灌机。轻小型喷灌机组是适应70年代我国农村的动力情况发展起来的，经过20年的不懈努力，目前已形成动力从2～12千瓦，配套完整、规格齐全、批量生产的喷灌主导产品之一。轻小型喷灌机组适应水源小而分散的山丘区陵和平原缺水区，具有一次性投资少，操作简单，保管维修方便，喷灌面积可大可小，适用于抗旱等优点。轻小型喷灌机组的应用在经历了一段迅速发展后已趋于平稳，其原因是多方面的，但喷灌机组本身也存在不足，如移动困难、喷洒均匀度不易保证等等。采用轻小型喷灌机组时不应忽视水源工程的建设，否则到了干旱时难以发挥作用。

4.1.3 喷洒原理及基本参数

喷灌与传统的地面灌溉最显著的区别是将灌溉水加压（机械加压或自压），并通过喷头以降雨的形式洒落在田面上。因此，喷头就成为喷灌的关键设备，也是专用设备。喷头的结构形式、制造质量的好坏以及对它的使用是否得当，将直接影响喷灌的质量及经济性。

1. 喷头的喷洒原理 在喷灌过程中，喷头将具有压力的水喷射到空中，形成水滴并均匀地散布在它所控制的田面上。有压水流从管道进入喷头经喷嘴喷出，喷嘴一般采用收缩管嘴。水流喷出后，在空中形成一道弯曲的水舌——射流，空中的射流由密实、碎裂、分散雾化三个区域组成（如图4－1）。在密实部分，水流连续，呈透明的圆柱状；在碎裂部分，空气逐渐掺入，在流速低时，射流受表面张力作用而发生波动，直到碎裂成水滴；流速高时，射流受周围空气作用形成紊流而碎裂，水流分散成水滴。射流分散受水自身的重力、空气阻力、射流紊动性引起的内力、水的表面张力的综合作用，最后雾化成水滴，降落在田面上。

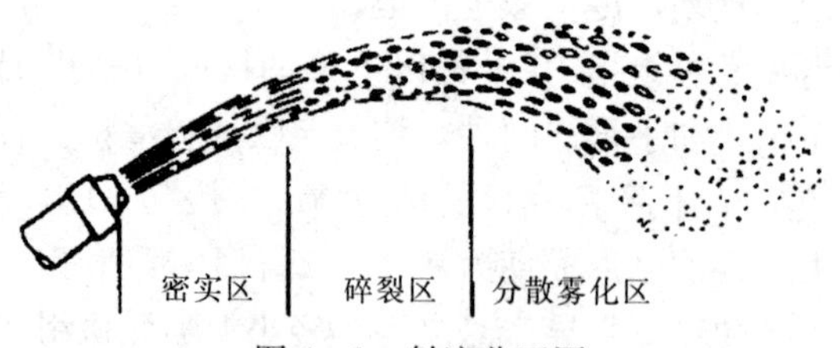

图 4-1　射流分区图

对于一个高质量的喷头，要求其射流的射程远，水滴碎裂适中、并能按一定的规律喷洒在其射程范围内。对于使用最普遍的旋转式喷头，还要求射流驱动喷头绕竖轴旋转，形成一个以竖管轴线为中心的圆形或扇形喷洒区。由于射流驱动喷头绕竖轴旋转的方式不同，旋转式喷头又分为摇臂式、垂直摇臂式和全射流式。下面主要介绍摇臂式喷头的工作原理。

摇臂式喷头的转动机构是一个装有弹簧的摇臂，在摇臂前端有偏流板和勺形导水片，当水舌通过偏流板或直接冲击导水片而改变方向时，水流的冲击力使摇臂转动 60°～120°，并把摇臂弹簧扭紧，随后在弹簧力作用下摇臂回位，敲击喷体（即由喷管、喷嘴、弯头等组成的一个可以转动的整体），使喷管转动 3°～5°，并进入下一次循环（每个循环周期为 0.2～2.0 秒不等）。如此周而复始，使喷头不断旋转，其结构形式可参见图 4-2 和图 4-3。

这种喷头的扇形喷洒机构，是在喷管后面装有一个双稳态的突变挡销。此挡销只有两个稳定的位置，在一个位置时挡销挡不住摇臂，摇臂可以自由转动使喷头作正向旋转，在另一位置时，挡销挡住摇臂的后部，限制了播臂的摆幅，摇臂在水力作用下直接撞击挡销，使喷管作反向转动。突变挡销是由两个装在套轴上的挡杆（定位销）来控制的，只要调节两个定位销的相对位置，就可以使喷头在任意方位作任意角度的扇形喷洒。

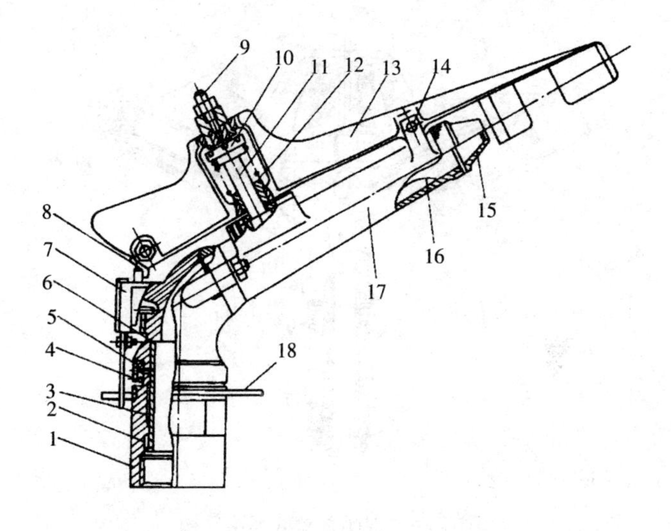

图 4-2 单嘴带换向机构的摇臂式喷头结构图

1——空心轴套；2——减磨密封圈；3——空心轴；4——防砂弹簧；5——弹簧罩；6——喷体；7——换向器；8——反转钩；9——摇臂调位螺钉；10——弹簧座；11——摇臂轴；12——摇臂弹簧；13——摇臂；14——打击环；15——喷嘴；16——稳流器；17——喷管；18——限位环

2. 喷头基本参数 喷头是喷灌系统的主要组成部分。一个好的喷头，既要求其机械性能好，即结构简单，工作可靠，又要求其水力性能好，也就是能满足喷灌的主要技术要求，而且能节约能源。这些要求往往相互矛盾或相互制约，所以在喷头的应用中，应全面考虑各方面的要求，不可片面追求某一项指标而忽略其他要求，这就需要深入了解喷头各水力参数之间的关系及其影响因素，以便合理地选用，使之更好地符合生产的要求。

喷头的基本参数包括喷头的几何参数、工作参数和水力性能参数。

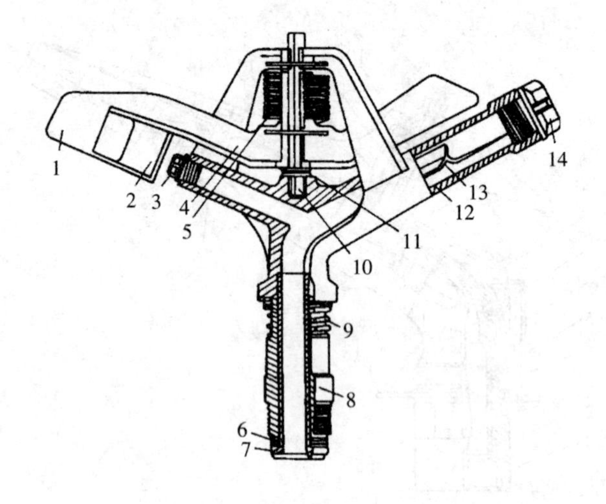

图 4-3 双嘴摇臂式喷头结构

1——导水板；2——挡水板；3——小喷嘴；4——摇臂；5——摇臂弹簧；6——三层垫圈；7——空心轴；8——轴套；9——防砂弹簧；10——摇臂轴；11——摇臂垫圈；12——大喷管；13——整流器；14——大喷嘴

（1）喷头的几何参数。

①进水口直径 D。进水口直径是指喷头空心轴或进水口管道的内径 D（毫米）。通常比竖管内径小，因而使流速增加，一般流速设计在 3～4 米/秒的范围内，以求水头损失小而又不致使喷头体积太大。喷头的进水口直径确定后，其过水能力和结构尺寸也就大致确定了。喷头与竖管的连接一般采用管螺纹。

我国 PY 系列摇臂式喷头以进水口公称直径命名喷头的型号，如常用的 PY120 喷头，其进水口的公称直径为 20 毫米。

②喷嘴直径 d 。喷嘴直径指喷嘴流道等截面段的直径 d（毫米），喷嘴直径反映喷头在一定工作压力下的过水能力。同一型号

的喷头，往往允许配用不同直径的喷嘴，如 PY120 喷头可以配用直径 6～9 毫米的四种喷嘴，这时如工作压力相同，则喷嘴直径愈大，喷水量就愈大，射程也愈远，但雾化程度要相对下降。

③喷射仰角 α。喷射仰角指喷嘴出口处射流与水平面的夹角。在相同工作压力和流量的情况下，喷射仰角是影响射程和喷洒水量分布的主要参数。适宜的喷射仰角能获得最大的射程，从而可以降低喷灌强度和扩大喷头的控制范围，降低喷灌系统的建设投资。目前我国常用的 PY1 系列喷头的喷射仰角多为 30°，适用于一般的喷灌工程。为了提高抗风能力或用于树下喷灌，可减小仰角，仰角小于 20°的喷头称为低仰角喷头。我国 PY2 系列喷头有 7°、15°、22.5°、30°等多种仰角供选用。

（2）喷头的工作参数。

①工作压力。工作压力是指喷头进水口前的压力，一般在喷头进口前 20 厘米处的竖管上安装压力表测量，它是使喷头能正常工作的水压力。通常用 p（压强）或 H（压力水头）表示，其单位为千帕或米。有时为了评价喷头性能的好坏而使用喷嘴压力，它是指喷嘴出口处的水流总压力，工作压力减去喷头内过流部分的水力损失就是喷嘴压力，喷头流道内水力损失的大小主要取决于喷头的设计和制造水平。

在水力性能相同的前提下，喷头的工作压力越低越好，这样有利于节约能源。采用低压喷头是喷灌技术的发展方向之一，但往往需要在节省能源和增加其他费用之间进行平衡和选择。

②喷头流量 q。喷头流量又称为喷水量 q，是指一个喷头在单位时间内喷洒出来的水的体积（或水量）。其单位一般为米^3/小时、升/秒等。

影响喷头流量的主要因素是工作压力和喷嘴直径，工作压力越大，喷嘴直径越大，喷头流量就越大；反之，喷头流量就越小。由此可见，喷头流量是选择喷嘴直径乃至进水口直径的重要因素之一。

③射程 R。简单地说射程 R（米）是指无风情况下，喷头正常工作喷射出来的有效水滴所能达到的最远距离。但是这种说法不够严密，为了统一标准、便于比较，国家标准《旋转式喷头试验方法》中规定：喷头的射程指在无风条件下正常工作时，雨量筒中每小时收集的水深为 0.3 毫米/小时（喷头流量低于 250 升/小时为 0.15 毫米/小时）的那一点到喷头中心的水平距离。

旋转式喷头的结构参数确定后，其射程主要受工作压力的影响。在一定的工作压力范围内，压力增大，则射程也相应增大；超出这一压力范围时，压力增加只会提高雾化程度，而射程不会再增加。在喷头流量相同的条件下，射程越大，则单个喷头的喷洒强度就越小，提高了喷灌对黏重土壤的适用性，同时喷头的布置间距可以增大。这对于降低成本极为有利，所以射程是喷头的一个重要工作参数。

（3）喷头的水力性能参数。

①喷灌强度 ρ。喷灌强度是指单位时间内喷洒在单位面积土地上的水量，也就是单位时间内喷洒在灌溉土地上的水深，单位一般用毫米/小时或毫米/分钟表示。由于喷洒时水量分布常常是不均匀的，因此喷灌强度表示的概念也不同，有点喷灌强度 ρ_i 和平均喷灌强度（面积和时间都平均）ρ 以及计算喷灌强度 ρ_s 三个概念。一般采用计算喷灌强度评价喷头的水力性能。计算喷灌强度不考虑水滴在空气中的蒸发和飘移损失，根据喷头喷出的水量与喷洒在地面上的水量相等的原理进行计算：

$$\rho_s = \frac{1000q}{S} \qquad \text{式 (4-1)}$$

式中：ρ_s ——计算喷灌强度（毫米/小时）；

q ——喷头流量（米^3/小时）；

S——单喷头控制面积（米^2）。

应根据具体情况确定喷头控制的喷洒面积 S，如喷头作全圆喷洒时，$S=\pi R^2$；喷头作扇形喷洒时，$S=\frac{\alpha}{360^\circ}R^2$（$\alpha$ 为扇形角）。喷头性能参数表给出的喷灌强度，一般均指上述的计算喷灌强度。如果喷头的计算喷灌强度太大，意味着这个喷头容易产生水洼和径流，造成土壤侵蚀。

②水量分布图。通常是用水量分布图表示喷头的喷洒情况，如图 4-4 所示。在无风的情况下，一个旋转式喷头如果转速均匀，喷头的水量分布图形应是一组同心圆，但实际的水量分布图只能近似地看成是一组同心圆。为了更直观些，有时沿某一直径取剖面，绘出喷头径向水量分布曲线，如图 4-4 中右方和下方的曲线图所示。

影响喷头水量分布的因素很多，例如工作压力、风、喷头的类型和结构等。工作压力对水量分布的影响（图 4-5）：压力太高，将使水流分裂加剧，大部分水滴都太小，射程不远，远处水量不足；压力过低，水流分裂不足，大部分水量射到远处，中间水量少，成“马鞍形”分布；压力适中时，水量分布曲线近似一个等腰三角形。

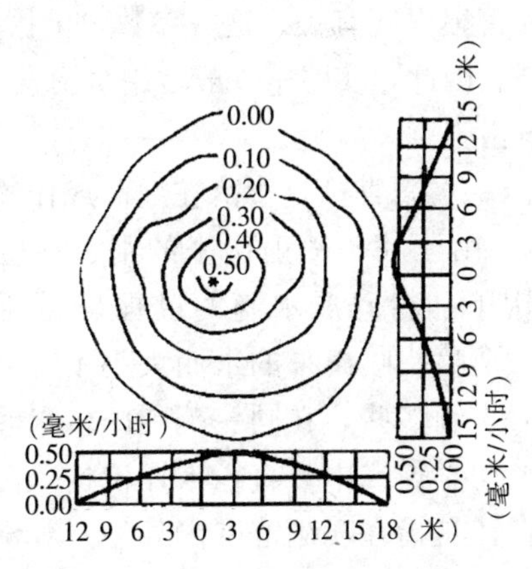

图 4-4 喷头水量分布图与径向水量分布曲线

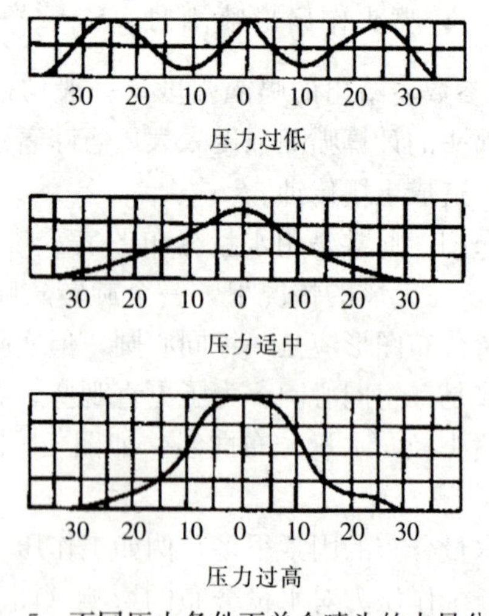

图 4-5　不同压力条件下单个喷头的水量分布曲

③水滴打击强度。水滴打击强度是指在喷头喷洒范围内、单位受水面积上一定量的水滴对土壤或作物的打击动能，也就是单位时间内、单位受水面积所获得的水滴撞击能量。它与水滴大小、降落速度和密集程度有关。这一参数目前因实测比较困难，未能应用于生产。因此，实践中一般常用水滴直径或雾化指标来间接反映水滴打击强度。

a. 水滴直径。水滴直径是指落在地面或作物叶面上的水滴的直径（毫米）。由于喷头喷射出来的水舌在空气阻力和水舌内部涡流的作用下，粉碎成水滴的过程是逐渐变化和不均匀的，因此从同一个喷头喷出来的水滴大小不一。一般近处小水滴多些，远处大水滴多些，在同一范围内，水滴直径也有大有小，常用水滴平均直径或中数直径来评价这一随机分布的水滴群。水滴平均直径是指在喷洒范围内某一点观测到的所有水滴直径的平均值，中数直径是指大于和小于这个直径的水滴数目相等的直径值。

水滴的大小主要决定于喷头工作压力和喷嘴直径，也受粉碎机构和转速的影响。当喷嘴直径不变时，水滴平均直径随着压力的提高而迅速减小；对于相同的压力，喷嘴直径越大，水滴平均直径就越大。了解了这种关系后，使用喷头时就可灵活掌握，通过改变某些参量以符合生产的需要。例如在作物的幼苗期要求水滴细小，这时可以改用小喷嘴使水滴直径变小。

如水滴大，则容易破坏土壤表层的团粒结构，并造成板结，甚至会打伤幼苗，有时还会把土溅到作物叶面上影响作物生长，水滴小，会造成耗能多，射程降低，在空中受风的影响大，容易蒸发或飘移。因此，要根据灌溉作物、土壤性质确定水滴直径的适宜值。一般要求平均直径在1～3毫米以内（大田作物和果树等不宜大于3毫米，蔬菜等细嫩作物则不宜大于2毫米）。水滴直径大，一般来说打击强度也就大，但水滴大小不是唯一因素，打击强度还取决于水滴密度等因素。

b. 雾化指标 ρ_d 。雾化指标，是用喷头工作压力和主喷嘴直径的比值来评价一个喷头水舌粉碎程度的指标，计算公式如下：

$$\rho_d=\frac{1\,000H}{d} \qquad \text{式（4-2）}$$

式中：H ——喷头工作压力（米）；

d ——喷嘴直径（毫米）。

ρ_d 值越大，说明其雾化程度越高，水滴直径就越小，打击强度也越小。但如 ρ_d 值过大，水量损失急剧增加，能源浪费较大，对节水节能不利。我国的实践表明，对一般大田作物，使用中压喷头时，ρ_d 值在3 000～4 000之间为宜；对蔬菜作物，宜用低压喷头（或较低压力的中压喷头），P_d 值应控制在4 000～6 000之间。

④组合喷灌强度。在很多情况下，喷灌系统是按一次作业中多喷头组合喷洒设计的，这时喷头的喷灌强度并不能表示实

际的喷灌强度，二者在概念上数值上均有显著的差异。此外，喷头喷洒出的水量不可避免地存在飘移损失和蒸发损失，所以实际的喷灌强度和计算喷灌强度也有差异。我们引入喷洒水利用系数表示实际喷洒到地面和作物上的水量与喷头喷洒出的水量的差异，同时根据喷头的组合形式和作业方式计算一个喷头在一次作业中的有效控制面积。图 4－6 所示是常见的 2 种喷头组合形式，如果这些喷头同时喷洒，则一个喷头的有效控制面积可用式（4－3）计算。

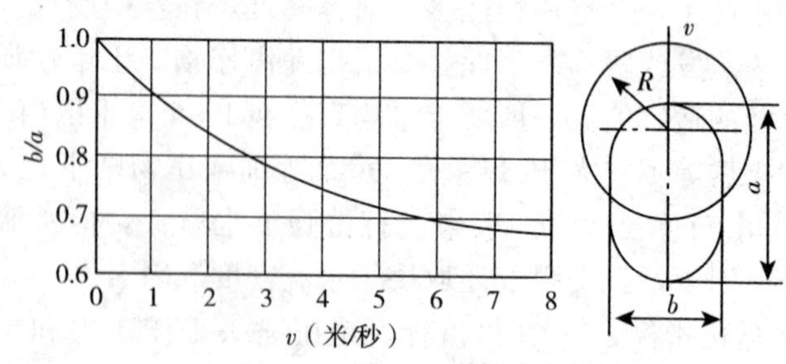

图 4－6　风对喷洒面积形状的影响

$$S_{有效}=ab \qquad 式（4-3）$$

式中：$S_{有效}$——一个喷头的有效湿润面积（米^2）；

a——支管上喷头的间距（米）；

b——支管的间距（米）。

多喷头组合的喷灌强度可以用式（4－4）计算：

$$\rho=\frac{1\,000Q\eta}{S_{有效}} \qquad 式（4-4）$$

式中：ρ——多喷头组合的喷灌强度（毫米/小时）；

Q——喷头流量（米^3/小时）；

η——喷洒水利用系数。

在喷灌系统中，正确选择设计喷灌强度，对保证合理灌溉，提高灌水质量，有着重要的意义。一般情况下，喷灌强度应与土壤透水性能相适应，应使喷灌强度不超过土壤入渗率

（或允许喷灌强度），使喷洒到土壤表面的水能及时渗入土壤中，而不会在地表形成积水或径流。如果喷灌强度过小，将造成喷水时间过长，水量蒸发、飘移损失加大，喷灌强度过大，超过土壤入渗能力，将会出现田面积水和形成地表径流，破坏土壤结构，造成水土流失。

⑤喷灌均匀度。喷灌均匀度是指在喷灌面积上水量分布的均匀程度，它是衡量喷灌质量优劣的主要指标之一，直接关系到喷灌农作物的增产幅度。在喷灌系统中，喷灌均匀度是指大面积上的均匀度，也就是喷头组合在一起时的均匀程度，单个喷头的喷洒均匀度在实际中并无意义，喷灌均匀度是以单喷头的水量分布图为基础进行组合和分析，或实测得出的。喷灌均匀度入与喷头结构、工作压力、喷头布置形式、喷头间距、喷头转速的均匀性、竖管的倾斜度、地面坡度和风速、风向等因素有关。

表征喷灌均匀程度的方法很多，通常用喷洒均匀系数表示。

计算均匀系数的公式有多种，我国的国家标准《喷灌工程技术规范》中规定采用美国克里斯琴森（Christiensen）均匀系数公式计算；

$$C_u=\left(1-\frac{|\Delta h|}{\bar{h}}\right)\times 100 \qquad \text{式（4-5）}$$

式中：C_u ——均匀系数（%）；

h ——喷洒面积上各测点平均喷洒水深（毫米）；

Δh ——各点（雨量筒）喷洒水深的平均偏差（毫米）。

计算 h 和 Δh 时要根据各测点代表的面积是否相等分别对待，如下所示。

a. 当各测点代表的面积相等时：

$$\bar{h}=\frac{\sum_{i=1}^{n}h_i}{n} \qquad |\Delta h|=\frac{\sum_{i=1}^{n}|h_i-\bar{h}|}{n} \qquad \text{式（4-6）}$$

b. 当各测点代表的面积不相等时，以面积为权，求加权平均值：

$$\bar{h}=\frac{\sum_{i=1}^{n}S_ih_i}{\sum_{i=1}^{n}S_i} \qquad |\Delta h|=\frac{\sum_{i=1}^{n}S_i|h_i-\bar{h}|}{\sum_{i=1}^{n}S_i} \quad 式（4-7）$$

式中：h_i——某点的喷洒水深（毫米）；

S_i——某点代表的喷洒面积（米^2）；

n——受雨的雨量筒点数。

4.1.4 设备类型

喷灌设备又称喷灌机具，主要包括喷头、喷灌用泵、喷灌管材及附件、喷灌机等。

1. 喷头的分类 喷头又称为喷洒器，是喷灌系统中的重要设备。它可以安装在固定的或移动的管路上、行喷机组桁架的输水管上、卷盘式喷灌机的牵引架上，并与配套的动力机、水泵、管道等组成一个完整的喷灌系统。

喷头的种类很多，通常按喷头工作压力或结构形式进行分类。

（1）按工作压力分类。按工作压力分类，可以把喷头分为低压喷头、中压喷头和高压喷头，如表 4-1 所示。

表 4-1 喷头按工作压力分类表

类型	工作压力（千帕）	射程（米）	流（米^3/小时）	特点及应用范围
低压喷头	<200	<15.5	<2.5	射程近、水滴打击强度低，主要用于苗圃、菜地、温室、草坪园林、自压喷灌的低压区或行喷式喷灌机
中压喷头	200～500	15.5～42	2.5～32	喷灌强度适中，适用范围广，果园、草地、菜地、大田及各类经济作物均可使用

（续）

类型	工作压力（千帕）	射程（米）	流（米³/小时）	特点及应用范围
高压喷头	>500	>42	>32	喷洒范围大，但水滴打击强度大。多用于对喷洒质量要求不高的大田作物和牧草等

目前国内用得最多是中压喷头，因为它的能耗较小且容易得到较好的喷灌质量。

（2）按结构形式分类。按结构形式，可以把喷头分为旋转式喷头、固定式喷头和喷洒孔管三类。

①旋转式喷头。旋转式喷头又称为射流式喷头，其特点是边喷洒边旋转，水从喷嘴喷出时呈集中射流状，故射程较远，且流量范围大，喷灌强度较低，是目前我国农田灌溉中应用最普遍的一种喷头形式。

旋转式喷头的共同缺点是当竖管不垂直时，喷头转速不均匀，因而会影响喷灌的均匀性。

a. 摇臂式喷头。常用的播臂式喷头如图 4－2 和图 4－3 所示。摇臂式喷头优点是结构简单，运转可靠，便于推广，转速稳定且易于调节，喷洒的水量分布可借助改变摇臂撞击频率调整，喷灌质量较高。主要缺点是在有风或回转面不水平（竖管倾斜）时旋转速度不均匀，喷管从斜面向下旋转或顺风时转得较快，而从斜面向上旋转或逆风时则转得比较慢，这样两侧的喷灌强度就不一样，影响喷洒均匀性。摇臂式喷头不能经受大的振动，所以应避免在手扶拖拉机、柴油机、水泵、喷头直联机组上应用。此外，由于它是撞击驱动，所以要求相应的零件耐冲击，目前对较大的喷头，在冲击部位都设置橡胶打击垫，以改善受力状况，而较小的喷头可以不加。一般在管道式喷灌系统上摇臂式喷头运转比较可靠，使用最普遍。

b. 垂直摇臂式喷头。是一种中、高压型的喷头，除幼嫩作物外，可适应于各种作物。特别是应用在行走喷洒的系统中稳定性好。另外，它还可以喷洒污水或粪液等混合液体。

需要说明的是，垂直摇臂式喷头和摇臂式喷头虽然都是靠摇臂来驱动喷头旋转的，但其作用原理是完全不同的。前者靠水流冲击直接驱动，后者靠摇臂回位撞击驱动。

c. 全射流喷头。是我国在70年代研制出的一种新型喷头。它的最大优点是无撞击部件，构造较简单，喷洒性能较好。但是，由于射流元件上的工作孔隙很小，因此对喷洒水质要求较高。

②固定式喷头。固定式喷头又称漫射式喷头或散水式喷头。此类喷头的特点是水流向全圆周或部分圆周（扇形）同时喷洒，射程短，湿润圆半径一般只有3～9米，喷灌强度较高，一般为15～20毫米/小时以上，多数喷头的水量分布是近处喷灌强度比平均喷灌强度大得多，通常雾化程度较高。

固定式喷头的优点是结构简单，没有旋转部分，工作可靠，喷洒水滴对作物的打击强度小，要求的工作压力较低，常用在温室、菜地、草坪、苗圃、园林等处。缺点是喷孔易被堵塞。这种喷头还适用于悬臂式卷盘喷灌机、中心支轴式和平移式喷灌机等行喷机组式喷灌系统上，可节约能源。按结构固定式喷头可分为折射式（图4-7、图4-8）、缝隙式（图4-9）和离心式（图4-10）三种。

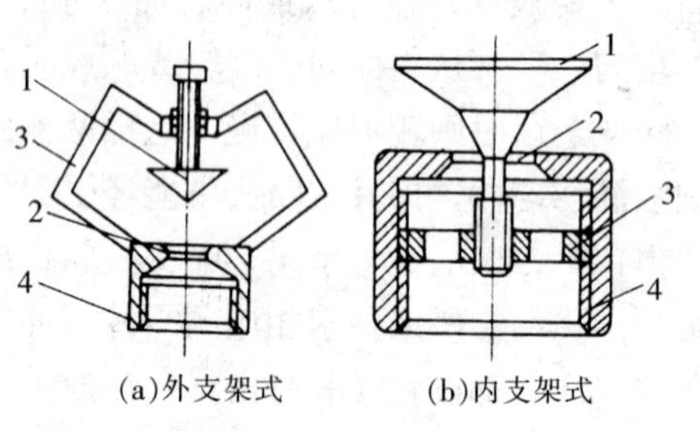

图4-7　折射式喷头

1——折射锥；2——喷嘴；3——支架；4——管接头

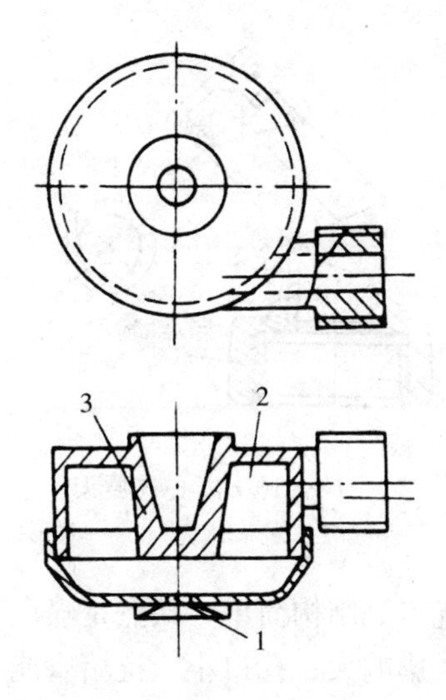

图 4-8　扇形喷洒的折射式喷头

1——折射锥；2——喷嘴；3——螺纹管接头

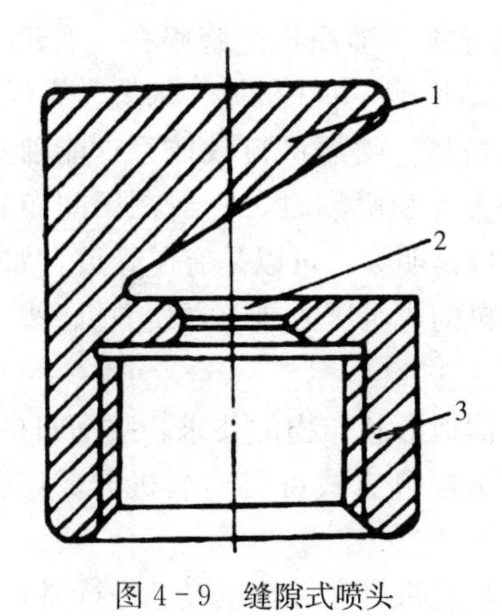

图 4-9　缝隙式喷头

1——缝隙；2——喷体；3——管接头

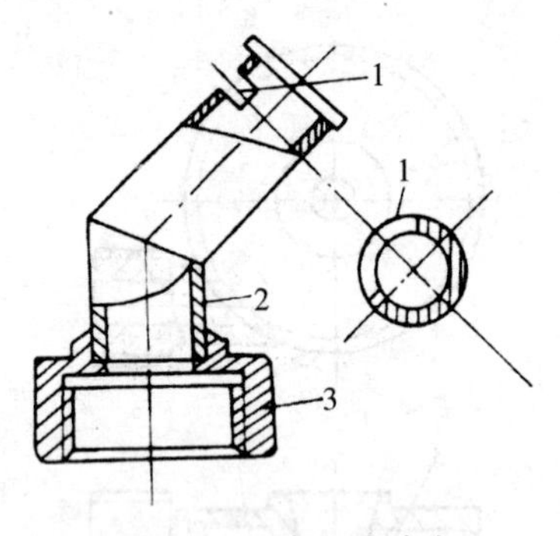

图 4-10 离心式喷头

1——喷嘴；2——蜗壳；3——锥形轴

喷洒孔管的优点是结构简单，缺点是喷灌强度较高；由于喷射水流细小，受风影响大；孔口小，抗堵塞能力差，不仅污物杂草会堵塞孔口，就是颗粒较大的泥沙也会堵塞孔口；工作压力低，支管内实际压力受地形起伏的影响较大。一般用于蔬菜、花卉的喷灌。

2. 喷灌机的分类 喷灌机是将喷头、管道、水泵、动力机等按一定配套方式组合，并在机械、水力、运行操作等方面符合要求的一种灌水机械。喷灌机自成体系，能独立在田间移动作业。喷灌机进行大面积喷灌时，应当在田间布置供水系统或水源，供水系统可以是明渠，可以是有压管道。如果有压管道的水压力能满足喷灌机的入机压力要求，喷灌机可以不配装动力机和水泵。

为了适应不同地形和作物的要求，喷灌机的形式多种多样。根据运行中喷头的喷洒方式可将喷灌机分成定喷式和行喷式两大类。

定喷式是指喷灌机停在一个位置上进行喷洒，一个位置喷完后，喷灌机按设计要求移动到下一个新位置后再进行喷灌作业，直至全部控制面积上都喷灌完毕。

定喷式喷灌机包括，手提式喷灌机、手抬式喷灌机、手推式喷灌机、拖拉机悬挂式喷灌机、滚移式喷灌机等。

行喷式喷灌机是指一边移动一边进行喷洒作业的喷灌机。

行喷式喷灌机包括：卷盘式喷盘机、中心支轴式喷灌机、平移式喷灌机、平移—回转式喷灌机等。

4.2 微灌技术

4.2.1 微灌的类型

微灌是利用微灌设备组成微灌系统，将有压的灌溉水输送分配到田间，通过灌水器，以微小的流量向作物或土壤进行灌水的节水灌溉方法。按灌水器的出流方式不同可划分为以下两种类型。

1. 滴灌 滴灌是通过安装在毛管上的滴头或滴灌带等灌水器使水流成水滴状滴入作物根区土壤的灌水方法。滴灌时，滴头周围的土壤水分处于饱和状态，并借毛细管作用向四周扩散。湿润土体的大小和几何形状取决于土壤性质、滴头水量和土壤前期含水量等因素。

2. 微喷灌 微喷灌是灌溉水通过微型喷头喷洒在植物枝叶上或植株冠下地面上的灌水方法。它与喷灌的主要区别在于设备结构尺寸小、喷头的工作压力低、流量小。

4.2.2 微灌的优缺点

1. 优点

（1）省水。由于微灌系统全部由管道输水，可以严格控制灌水量，灌水流量很小，而且仅湿润作物根区附近土壤，所以能大量减少土壤蒸发和杂草对土壤水分的消耗，完全避免深层渗漏，也不致产生地表流失和被风吹失。因此，具有显著的节水效果，一般比地面灌可省水50%以上；与喷灌相比，不受风的影响，减少了漂移损失，可省水 15%～25%。

（2）节能。微灌的灌水器均在低压下运行，一般工作压力仅 50～150 千帕，比喷灌低得多；又比地面灌溉灌水量小，水的利用率高，故对井灌区和提水灌区可显著降低能耗。

（3）灌水均匀。微灌系统能够有效的控制田间的灌溉水量，因而灌水均匀性好，均匀系数一般可达 0.8～0.9。

（4）增产。微灌仅局部湿润土壤，不破坏土壤结构，不致使土壤表层板结，并可结合灌水施肥，使土壤内的水、肥、气、热状况得到有效的调节，为作物生长提供了良好的环境条件。因此，一般比其他灌水方法增产 30%左右。

（5）对土壤和地形的适应性强。微灌为压力管道输水，能适应各种复杂地形；可根据不同的土壤入渗速度来调整控制灌水流量的大小，所以能适应各种土质。

（6）可以结合灌水进行施肥、打药。微灌系统通过各级管道将灌溉水灌到作物根区土壤的同时，可以将稀释后的化肥一同施入田间；如果采用的是微喷灌，可以利用喷灌系统进行喷药。

2. 缺点 微灌的灌水器出水孔很小（如滴头、微喷头），很容易被水中杂质、土壤颗粒堵塞。因此，对水质要求高，必须经过过滤才能使用。灌水器堵塞是影响微灌技术推广的主要问题。

4.2.3 微灌系统的组成

微灌系统通常由水源、首部枢纽、输配水管网和灌水器四部分组成。

（1）水源。河、湖、渠、塘、井等均可作为微灌的水源。但含污物、杂质和泥沙大的水源以及其他不适合微灌水质要求的水源，应进行水质净化处理。

（2）首部枢纽。通常由水泵及动力机、控制阀门、过滤器、施肥装置、测量和保护设备等组成，是全系统的控制中心。

（3）输配水管网。一般分干、支、毛三级管道，干、支管承担输配水任务，通常埋在地下，毛管承担田间输配水和灌水任务，可埋入地下也可放在地面，视具体情况和需要确定。

（4）灌水器。有滴头、微喷头、涌水器和滴灌带等多种形式，可置于地表也可埋入地下。其相应的灌水方法称滴灌、微喷灌和涌泉灌溉。灌水器可直接安装在毛管上或通过细小直径的微管与毛管相连接。灌溉水流经过灌水器灌到作物根区的土壤中或作物的叶片上。

4.2.4 微灌设备

微灌系统的主要设备包括灌水器、管道系统及其附件、过滤器、施肥施药装置等。

1. 灌水器 灌水器的作用是把末级管道中的压力水流均匀地灌到作物根区的土壤中或作物的叶片上，以满足作物对水分的需求。灌水器的质量直接关系到灌水质量和微灌系统的工作可靠性，因此，对灌水器的制造或选择均要求较高。其主要要求：①出水流量小，一般要求工作水头为5～15米，过水流道直径或孔径为0.3～2.0毫米，出水流量在240升/小时以下；②出水均匀而稳定；③抗堵塞性能好；④制造精度高；⑤结构简单，便于装卸；⑥坚固耐用，价格低廉等。

微灌中常用的灌水器类型主要有滴头、滴灌管和微喷头等。

（1）滴头。滴头是将微灌管道中的有压水流变为水滴或细小水流的关键设备，按其结构特点的不同，分为以下几种类型：

①管间式滴头，又称管式滴头，也称长流道式滴头。它串接在两段毛管之间，成为毛管的一部分。水流通过长流道消能，在出水口以水滴状流出。为提高其消能和抗堵塞性能，流道可改内螺纹结构为迷宫式结构。

②孔口式滴头，属短流道滴头。当毛管中压力水流经过孔口

和离开孔口并碰到孔顶被折射时，其能量将大为消耗，而成为水滴状或细流状进入土壤。这种滴头结构简单，安装方便，工作可靠，价格便宜，适于推广。

③微管滴头，属长流道滴头，是把直径为0.8～1.5毫米的塑料管插入毛管，水在微管流动中消能，并以水滴状或细流状出流。微管可缠绕在毛管上，也可散放，可根据工作水头调节微管的长度，以达均匀灌水的目的。但安装微管质量不易保证，易脱落丢失，堵塞后不易被发现，维修更困难。

④压力补偿式滴头。压力补偿式滴头是利用水流压力对滴头内的弹性片的作用，使滴头的出水孔口的过水断面的大小发生变化，当水的压力较大时，滴头内的弹性片使滴头的出水孔口变小，当水的压力较小时，滴头内的弹性片使滴头的出水孔口变大，从而使滴头的出水流量保持稳定。

（2）滴灌管（带）。在生产毛管的过程中，将滴头和毛管做成一体，这种自带滴头的毛管称为滴灌管或滴灌带。按滴灌管的结构不同，分为以下类型：双腔毛管，又称滴灌带。由内、外两个腔组成，内腔起输水作用，外腔只起配水作用。一般内腔壁上开直径为0.5～0.75毫米、距离为0.5～3.5米的出水孔，外腔壁上的配水孔直径一般与出水孔径相同。配水孔数目一般为出水孔数目的4～10倍。近年来又有一种边缝式薄膜毛管滴头。压力水通过毛管，再经过其边缝上的微细通道滴入土壤。内镶式滴灌管是在滴灌毛管制造过程中，将预先做好的滴头直接镶嵌在毛管内。内镶式滴灌管中的滴头分片式和管式两种。

（3）微喷头。微喷头是将微灌管道中的有压水流像降雨一样喷洒成细小雨滴的灌水器。按其结构和喷洒方式不同分以下几种：

①折射式微喷头，有单向和双向、束射和散射等形式。其进口直径为2.8毫米，喷水孔为1.0毫米。它结构简单，价格便宜，适用于灌溉果园、温室和花卉等。

②射流旋转式微喷头，其一般工作水头为10～15米，有效湿润半径为1.5～3.0米。适用于果园、温室、苗圃和城市园林绿化灌溉，特别适用于全园喷洒灌溉密植作物。

2. 管道及管件　微灌系统的管道必须能承受一定的内水压力，具有较强的耐腐蚀抗老化能力，保证安全输水与配水，并便于运输和安装。我国微灌管材多用掺炭黑的高压低密度聚乙烯半柔性管，一般毛管内径为10～15毫米。内径65毫米以上时也可用聚氯乙烯等其他管材。

管道附件指用于连接组装管网的部件，简称管件，主要有接头、弯头、三通、四通和堵头等，其结构应达到连接牢固、密封性好，并便于运输和安装等要求。

3. 过滤器　微灌系统对水质的净化处理要求十分严格，其净化设备与设施主要有拦污栅（筛、网）、沉淀池和过滤器等，选用何种设备要根据水质的具体情况决定。拦污栅、沉淀池用于水源工程。过滤器主要有：①旋流式水砂分离器，又称离心式或涡流式过滤器；②砂砾过滤器，属介质过滤器；③滤网过滤器等装置。滤网过滤器简单，造价低，应用较广泛。它的种类较多，有立式与卧式，塑料和金属，人工清洗与自动清洗，以及封闭式和开敞式等形式。主过滤器的滤网要用不锈钢丝制作，在支、毛管上的微型过滤器网也可用铜丝网或尼龙网制作。滤网的孔径应为所使用的灌水器孔径的1/7～1/10，滤网的有效过水面积即滤网的净面积之和应大于2.5倍出水管的过水面积。主要适用于过滤水中粉粒、砂和水藻，也可过滤少量有机杂质，但有机杂质含量过高和藻类过多时则过滤效果较差。

4. 施肥（农药）**装置**　向微灌系统注入可溶性肥料或农药溶液的装置，称施肥（农药）装置，主要有压差式施肥罐、开敞式肥料桶及各种注入泵等。化肥罐应选用耐腐蚀和抗压能力强的塑料或金属材料制造。封闭式化肥罐还应具有良好的密封性能，罐内容积应依微灌控制面积（或轮灌区面积）大小及单位面积施肥量，化肥溶液浓度等因素确定。该装置加工制造容易，造价低，不需外加动力，但罐体容积有限，添加溶液次数频繁，溶液浓度变化大时，无法调节控制。

4.2.5 微灌系统的规划布置

微灌系统通常是在比例尺1/500～1/1 000的地形图上进行初步布置，然后再到现场与实际地形进行对照修正。

1. 首部枢纽位置的选择 一般首部枢纽均与水源工程相结合，其位置应以投资少、管理方便为原则进行选定。若水源距灌区较远，首部枢纽可单独布置在灌区附近或灌区中心，以缩短输水干管的长度。

2. 毛管和灌水器的布置方案

(1) 滴灌毛管与灌水器的布置方案。

①单行毛管直线布置。毛管顺作物行方向布置，一行作物布置一条毛管，滴头安装在毛管上，主要适用于窄行密植作物，如蔬菜和幼树等。

②单行毛管带环状管布置。成龄果树滴灌可沿一行树布置一条输水毛管，然后再围绕每棵树布置一根环状灌水管，并在其上安装4～6个滴头。这种布置灌水均度高，但增加了环状管，使毛管总长度大大加长。

③双行毛管平行布置。当滴灌高大作物时，可采用该种布置形式。如滴灌果树可沿树两侧布置两条毛管，每株树的两边各安装2～4个滴头。

④单行毛管带微管布置。当使用微管滴灌果树时，每一行树布置一条毛管，再用一段分水管与毛管连接，在分水管上安装4～6条微管，这种布置减少了毛管用量，微管价低，故可相应降低投资。

以上各种布置，毛管均沿作物行方向布置。在山丘区一般均采用等高种植，故毛管应沿等高线布置。对于果树，滴头与树干的距离通常应为树冠半径的2/3。布置毛管的长度直接关系灌水的均匀度和工程投资。因此，毛管允许的最大长度应满足设计灌水均匀度的要求，并需通过水力计算确定。

（2）微喷灌毛管与灌水器的布置方案。根据作物和所使用的微喷头的结构与水力性能不同，毛管和灌水器的布置也不同。毛管沿作物行方向布置，一条毛管可控制一行作物，也可控制若干行作物，取决于微喷头的喷洒直径和作物的种类。毛管的长度取决于喷头的流量和灌水均匀度的要求，由水力计算决定。

3. 管道系统的规划布置

（1）干、支管的布置原则。

①干、支管布置决定于地形、水源、作物分布和毛管的布置，要求管理方便和投资少；

②在山丘地区，干管多沿山脊布置，或沿等高线布置；

③支管则尽量垂直于等高线，并向两边的毛管配水；

④在平地，干、支管应尽量双向控制，在其两侧布置下级管道，以节省管材。

（2）田间管网布置。田间管网布置一般相对固定，这是因为经过合理划分的每一地块上，地块面积、地形地势、毛管长度等的变化范围较小，作物种植方向固定，可供选择的余地不多。但设计时仍需认真分析，从几种方案中优选。

4.2.6　微灌系统设计

1. 灌溉制度的确定　微灌的灌溉制度与喷灌的灌溉制度内容基本相同，它是指设计条件下在作物全生育期内的灌水定额、灌水时间（灌水延续时间、灌水周期）、灌水次数和灌溉定额。微灌的灌溉制度是微灌工程规划设计的重要依据，也可用于灌溉管理时作为参考。

（1）设计净灌水定额的确定。微灌设计净灌水定额可由下式计算：

$$m = 0.1(\theta_{田} - \theta_0)HP\gamma \qquad 式（4-8）$$

式中：m——灌水定额，毫米；

$\theta_{田}$、θ_0——土壤田间持水量和灌前土壤含水率（作物允许的土壤含水率下限），均以干土重百分比计；

γ——土壤干容重，吨/米^3；

H——土壤计划湿润层深度，米，蔬菜取 0.2～0.3 米，大田作物取 0.3～0.6 米，果树取 0.8～1.2 米；

P——微灌土壤湿润比，%，指微灌计划湿润的土壤体积占灌溉计划湿润层总土壤体积的百分比，常以地面以下20～30厘米处的湿润面积占总灌水面积的百分比表示，影响它的因素较多，如毛管的布置形式，灌水器的类型和布置及其流量、土壤和作物的种类等，计算时可参考采用表 4-2 中的数值。

表 4-2　微灌土壤湿润比 *P* 的参考值（%）

作物	滴灌	微喷灌
果树	20～35	30～50
葡萄、瓜类	30～40	40～50
蔬菜	60～90	70～100
粮食作物	50～80	60～90

（2）灌水周期的确定。两次灌水的间隔时间又称灌水周期，取决于作物、水源和管理状况，一般北方作物大约为 7 天左右。灌水周期可用下式计算：

$$T = \frac{m}{e} \qquad 式（4-9）$$

式中：T——灌水周期（天）；

m——设计灌水定额（毫米）；

e——作物日需水量（又称需水强度）（毫米/天），其数值大小与作物有关，与设计地区的气象条件有关，计算时可参考表4-3中的数值选取。

表4-3　作物日需水量 e 的参考值

单位：毫米/天

作物	滴灌	微喷灌
果树	3～5	4～6
葡萄、瓜类	3～6	4～7
蔬菜（保护地）	2～3	—
蔬菜（露地）	4～5	—
粮食作物	3～4	—

（3）一次灌水延续时间的确定。

$$t=\frac{mS_eS_r}{\eta q} \qquad 式（4-10）$$

式中：t——1次灌水延续时间（小时）；

S_e——灌水器间距（米）；

S_r——毛管间距（米）；

q——灌水量（升/小时）；

η——微灌水利用系数，一般取0.9～0.95。

对于成龄果树滴灌，一棵树安装 n 个滴头灌溉时，则

$$t=\frac{mS_tS_r}{\eta nq} \qquad 式（4-11）$$

式中：S_t、S_r——果树的株距和行距（米）；

其余符号意义同前。

（4）灌水次数与灌溉定额的确定。采用微灌，作物全生育期（或全年）的灌水次数比传统地面灌多，并随作物种类、地区水源条件等而不同。对于灌溉定额可用下式计算：

$$M=\sum_{i=1}^{n}m_i \qquad 式（4-12）$$

式中：M——灌溉定额，即总灌水量（毫米）；

m_i——各次微灌灌水量，即灌水定额（毫米）；

n——灌水次数。

2. 微灌系统工作制度的确定 微灌系统工作制度主要有续灌和轮灌两种。不同的工作制度要求系统的流量不同，因而工程费用也不同。确定工作制度时，应根据作物种类、水源条件和经济状况等因素合理选定。

（1）续灌。续灌是对系统所属管道同时供水的一种工作制度。其优点是灌溉供水时间短，灌水及时，也有利于其他农事活动的安排。缺点是使供水系统的结构尺寸和工程规模增大，投资增加；设备的利用率低；在水源水量有限的情况下可能使微灌工程的灌溉面积减小。

（2）轮灌。对于较大的微灌工程系统，为了减少工程投资，提高设备利用率，在水源水量有限的情况下增加微灌工程的灌溉面积，通常采用支管轮灌的工作制度。支管轮灌即是将支管分成若干组，干管轮流向各组支管供水，而支管对其所属的毛管则一般采用续灌的工作方式。若灌水期间干管轮流向各组支管供水，同一轮灌组内各支管同时灌水，这种轮灌方式称为分组集中轮灌；若灌水期间干管同时向每个轮灌组中的部分支管供水，同一轮灌组内各支管间按一定顺序灌水，这种轮灌方式称为分组插花轮灌。

①划分轮灌组的原则。

a. 为使微灌系统工作流量尽量稳定，在分组集中轮灌情况下，各轮灌组的控制面积应尽可能相等或相近；在分组插花轮灌情况下，插花轮灌的面积应尽可能相等或相近。

b. 划分的轮灌组应尽量使田间管理方便，尽量减少各用水户之间的用水矛盾。

c. 使工程投资和运行费用最省。

②轮灌组数的确定。无论是分组集中轮灌或是分组插花轮灌，整个微灌区完成一次灌水的时间不能超过作物允许的灌水周

期，因此，微灌系统的轮灌组数目可按下式确定：

$$N \leqslant \frac{CT}{t} \qquad 式（4-13）$$

式中：N——作物（或灌溉用水户）允许的轮灌组最大数目，取整数；

C——微灌系统每天运行的小时数，一般为12～20小时，对于固定式系统应不低于16小时；

T——作物允许的灌水周期（天）；

t——与设计净灌水定额相应的灌水延续时间（小时）。

3. 微灌系统流量计算

（1）一条毛管的进口流量。

$$Q_{毛} = \sum_{i=1}^{n} q_i \qquad 式（4-14）$$

式中：$Q_{毛}$——毛管进口流量（升/小时）；

q_i——第i个灌水器或出水口的流量（升/小时）；

n——毛管上灌水器或出水口的数目。

（2）支管流量确定。支管的流量计算一般可按支管所属各毛管间进行续灌来考虑，这种情况下，任一支管段的流量应等于该支管段同时供水各毛管的流量之和。

支管首端的流量为：

$$Q_{支} = \sum_{i=1}^{n} Q_{毛i} \qquad 式（4-15）$$

式中：$Q_{支}$——支管首端的流量（升/小时）；

$Q_{毛i}$——第i个毛管首端的流量（升/小时）；

n——支管上安装毛管的数目。

（3）干管各段的流量计算。干管流量需分段推算。续灌情况下，任一干管段的流量应等于该干管段同时供水各支管的流量之和；轮灌情况下，同一干管段对不同轮灌组供水时，各组流量可能不相同，此时应选择各组流量的最大值作为干管段的设计流量。

4.3 涌泉灌溉与小管出流灌溉技术

涌泉灌溉是通过安装在毛管上的涌水器形成的小股水流，以涌流方式灌入作物根区土壤的灌水方式。它的流量比滴灌和微喷灌大，一般都超过土壤入渗速度。为防止产生地面径流，需在涌水器附近做成灌水坑以暂时储水。涌泉灌可避免灌水器堵塞，适于果树灌溉。

4.3.1 涌泉灌溉技术

1. 涌泉灌溉技术 涌泉灌系统由首部枢纽、输配水管网、稳流器和出流管以及田间沟埂组成。首部枢纽由水泵、动力机、过滤器、施肥罐和阀门组成；输配水系统与滴灌系统相类似，输配水管网一般由干、支、毛三级管道组成，埋深均在40厘米以下；稳流器用于连接主管和出流管，调节出流量；出流管露出地表10～15厘米；田间沟埂的作用是把出流管流出的水均匀分散入渗到周围土壤；田面覆盖枯草，减少地面蒸发。

2. 涌泉灌溉技术优缺点

（1）灌水均匀。涌泉灌溉水均匀度明显高于大水漫灌，涌泉灌对地形要求不是很高，一般地形平整度对灌水均匀度影响不大。

（2）灌溉系统寿命长。管网及灌水器均埋在地下，可防止紫外线辐射，耕作损坏少，小动物破坏少，系统的使用寿命长。

（3）减少病害。涌泉灌由于不形成径流，根腐病、腐烂病等病菌，不会通过水流进行传播。

（4）维护方便。涌泉灌出流口位于地表以上比较直观，出现问题能及时发现，处理比较简单。

（5）涌泉灌溉具有节水、省工、增产（增效）综合效果。

4.3.2 小管出流灌水技术

1. 小管出流灌水技术概述 小管出流灌溉是一种微灌系统。它主要针对微灌系统在使用过程中，灌水器易被堵塞的难题和农业生产管理水平不高的现实，打破微灌器流道的截面通常尺寸（一般直径为0.5～1.2毫米）而采用超大流道，以Φ4的PE塑料小管代替微灌滴头，并辅以田间渗水沟，形成一套以小管出流灌溉为主体的微灌系统。

小管出流田间灌水系统包括支、毛管道及渗水沟，如图4-11所示。渗水沟可以绕树修筑，也可以顺树行开挖。前者多用于高大的成龄果树，并称之为绕树环沟，淘的直径约为树冠直径的2/3；后者则用于密植果树、葡萄园、蔬菜等，一般每隔2～3米用土埂隔开，故又称顺行隔沟。渗水沟的作用是把灌水器流出的水均匀分散入渗到果树周围的土壤中。目前干、支、毛管和小管利用PE塑料管，为了减缓塑料管老化，延长使用寿命，并方便田间管理，均埋于地下，小管灌水器在入渗沟内露出10～15厘米。

2. 小管出流灌溉系统的优点

（1）小管灌水器的流道进口直径比滴灌灌水器的流道或孔口的直径大得多，而且采用大流量出流，解决了滴灌系统灌水器易于堵塞的难题。一般只要在系统首部安装60～80目的筛网式过滤器就足够了。井水灌溉可不安装过滤器，堵塞问题小，水质净化处理简单、过滤器的网眼大、水头损失小、节省能量消耗，能延长冲洗周期。

（2）可将化肥液注入管道内，随灌溉进入作物根区土壤中，随水进入土壤，施肥方便。

（3）小管出流灌溉是一种局部灌溉技术，只湿润渗水沟两侧果树或作物根系活动层的部分土壤，水的利用率高，而且用管网输配水，没有输渗漏损失，省水。小管出流灌溉主要适用于各种地形、土壤条件下的果树和稀植蔬菜。

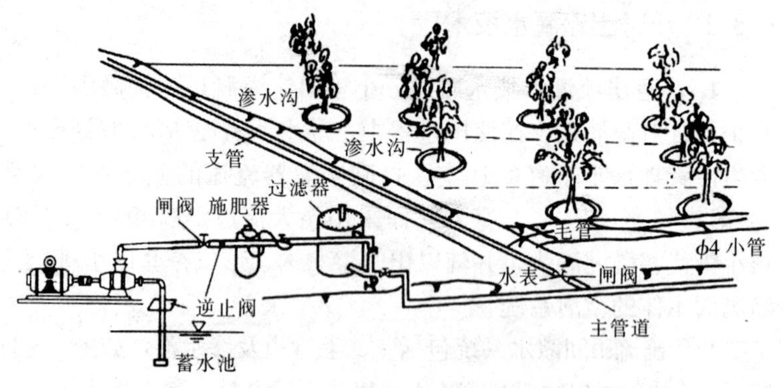

图 4-11 小管出流灌溉示意图

4.4 闸管灌溉技术

田间闸管灌溉系统由移动软管道和管道上配置的多个供水闸门组成，闸门间距及规格可根据田间沟（畦）间距（宽度）及所需流量确定。该系统用于替代毛渠完成田间输配水过程，并通过调节闸门开度控制进入沟（畦）的流量。

田间闸管灌溉系统已在新疆、宁夏、甘肃、山东、河南等地大面积应用，具有节水、节能、省地、投资少等优点，受到了用户的广泛欢迎。

4.4.1 田间闸管系统组成

1. 输水软管 在软管的材料配方中加入浅性低密度聚乙烯，经权威检测部门测试，闸管输水软管的各项指标均能满足使用要求。根据闸管灌溉系统产品的技术性能及田间应用考核结果，闸管灌溉系统软管的抗老化能力、抗穿刺和撕裂能力及抗低温能力等都能满足要求。

2. 配水闸门结构 配水闸门是闸管灌溉系统的核心部件，

其作用是将水均匀又稳定地分配到沟畦，配水闸门的主要组成部分是闸口、压、闸窗和闸板。配水闸门采用吸水性小，表面光泽性好的工程料，配水闸门中各部件与软管的连接关系是在输水软管任意定的开孔处安装上闸口及闸窗，通过螺纹丝扣上紧压环，闸窗方对称处及闸板端部设有卡定位置用的凸沿，灌溉时，闸板与窗靠小凸沿卡住使二者不能分离以免闸板丢失。配水闸门的结构设计使水流顺畅、阻力小、安装拆卸方便，可以控制流量大、坚固耐用、安装后不漏水。配水闸门的质量直接影响到闸管灌溉系统的工作情况，使用寿命及灌水质量。闸管灌溉系统配套开口器操作简单方便，卷放设备，能快速铺设软管，用完后将软管收起。

4.4.2　闸管灌溉系统安装

（1）从低压输水管道出水口引水，出水口的外径小于输水管的直径，出水口靠近地面；

（2）将输水软管双折加厚在出水上，然后用管箍套上扎紧；

（3）铺设闸管使其贴近畦口，尽量直，铺放闸管位置的地面平坦，沿管线整理出一凹槽，使管道放在槽内，每隔 5 米在管道上压放一点土，防止管道被风掀动移位；

（4）根据输水管进水流量大小确定打开闸门的个数，开田间灌溉。

4.4.3　闸管灌溉系统管理使用

根据闸管灌溉的田间工程布置，灌溉时视渠确定同时运行的闸管灌溉系统个数。在一般闸管灌溉系统视为一条毛渠，并按此配水。

田间灌溉严格采用沟灌。闸管上放水口间距按田间实间距确定，目前条件下，一般为 0.9 米。每条闸管上开水口个数根据实际流量大小确定，每沟的进水流量 1～0.002 米^3/秒为好。如果进入闸管的流量按 0.03 米^3，则灌溉时同时打开的一组放水口个数可为 15～30 个。

当开启运行的闸孔距系统进水口较远时，闸孔出流的压力会较小；如果这时打开的孔口数又较多，远端的孔口可能会不出流。因此，要注意调节不同位置上闸孔的开度，使运行闸孔的开度随着距进水口的距离增大逐渐增大，即：最远端的闸孔开度最大，然后向着进口方向逐渐减小开度，保证同时打开的所有闸口均可出流。

灌溉放水时间应根据灌溉时的作物需水量、灌水沟长度、进入闸管灌溉系统的总流量及同时打开的闸口个数计算确定，每条沟灌入的水量要充分满足作物对水分的需求。一般地讲，当土壤入渗性能较小、地面坡度较缓时，灌水沟长度可较长，每条沟的入沟流量可较小；当土壤入渗性能较大、地面坡度较陡时，灌水沟长度应较短，每条沟的入沟流量应较大。

当一组放水口满足灌水要求后，应首先打开另一组放水口，然后才关闭已完成灌溉的放水口。田间灌溉时要注意，绝对不允许不打开放水口就向闸管灌溉系统放水或在运行中关闭所有的放水口，这样会使软管爆破，损坏闸管灌溉系统。

闸管灌溉系统运行时一般从远离系统进水口的那端开始。闸管上放水口轮流按组，依次打开，直到把该系统控制的土地全部灌溉完毕。这时即可关闭系统进水口建筑物上的闸门，完成闸管灌溉。

灌溉完毕后，应将软管中的水放空。在两次灌溉之间，如有农机耕作，应把软管卷起来。卷收软管时，要格外小心，不要破坏每个放水闸孔。待下次灌溉前，再把软管铺放好。如无农机耕作，也可将软管留在田块中，但这时要注意防止各种人为的破坏。

闸管灌溉系统管理使用主要步骤：

(1) 根据出水口流量及水头，可同时打开适当数量的配水门，在保证灌溉水入畦的单宽流量≥3 升/（秒·米）下尽可能多开；

（2）闸管灌溉系统灌水时一般以离出水口的最远端开始，分组行浇灌，根据作物需水量确定灌水时间，两组之间转换时，先开下一组闸门，然后再关闭上一组闸门；

（3）为保证配水闸门水量均匀，应适当调节配水闸门开度，即最远端开度最大，沿口方向逐渐减小开度；

（4）严禁在运行过程中关闭所有闸门，防止输水软管爆破；

（5）使用完毕后，简单清洗闸管灌溉系，用卷放器卷盘存放。

第五章

灌溉技术综合评价

本章主要讲述了：总体节水灌溉技术的特点；评价指标；主要技术经济分析，提出滴灌的优势。从用水效率、综合效益等方面对灌溉技术进行综合评价。

5.1 评价灌溉技术的主要指标

5.1.1 灌溉节水量计算分析

1. 渠道输水过程节水量计算 节水灌溉工程实施后，输水渠道被更新改造或改为管道输水，应对输水状况进行对比研究，分析计算节水灌溉实施前后输水过程的渗漏损失，从而求得渠道输水节水量。

计算渠段的渗漏量时，如果渠床土质及其他条件变化较大，应该分段计算，然后相加。如渠段长度为 L（千米）（一般不超过 10 千米），该渠段单位时间渗漏量 Q（米^3/秒）为

$$Q_s = SL \qquad 式（5-1）$$

经过时间 T（秒），该渠段总渗漏量 W_S（米^3）为

$$W_S = Q_S T = SLT \qquad 式（5-2）$$

渠道防渗后，其渗漏损失量 W_f（米^3）为

$$W_f = Q_f T = SLT \qquad 式（5-3）$$

则该渠段输水过程节水量 W_j（米^3）为

$$W_j = w_S w_f = (S - S_f)LT \qquad 式（5-4）$$

式中：Q_f——防渗渠段渠道单位时间渗漏量（米^3/秒）。

2. 田间灌溉节水量　田间灌溉节水量是节水灌溉实施前后田间灌溉用水量的减少值，即两种灌溉方法灌溉用水量的差值。对于同一田块而言，田间灌溉水有效利用率越高，灌溉用水量越少。田间灌溉水有效利用率主要受灌水均匀度、灌水深度、土壤质地、灌水管理、地下水条件等因素影响。田间灌溉单位面积节水量为：

$$W_{j田}=W_{1田}-W_{2田} \qquad 式(5-5)$$

式中：$W_{1田}$、$W_{2田}$——两种灌水方法单位面积上的灌溉用水量。

田间灌溉用水量应该根据不同灌溉技术、作物与土质等状况选取典型代表地块进行观测，或采用相近条件地区的实测结果。如果没有条件或缺乏相关资料，可以根据不同灌溉方式的灌溉水有效利用率 $\eta_{田}$ 与田间净灌溉水量 $W_{净}$ 来估算。田间单位面积灌溉用水量为：

$$W_{田}=W_{净}/\eta_{田} \qquad 式(5-6)$$

不同灌溉方式的田间灌溉水有效利用率见表 5-1。

表 5-1　不同灌溉方式田间水有效利用率

灌溉方式	大水漫灌	畦灌	沟灌	喷灌	滴灌	滴灌+塑膜
$\eta_{田}$	0.7～0.80	0.80～0.90	0.80～0.90	0.90～0.95	0.95～0.99	≥0.96

5.1.2　经济分析原则与方法

节水灌溉经济计算与分析是研究节水灌溉工程建设是否可行的前提，是从经济角度对工程方案进行分析的依据。兴建节水灌溉工程，必须遵循价值规律，讲求经济效益。所有节水灌溉工程规划或可行性研究和设计，都必须进行相应深度的经济分析与评价。节水灌溉工程应按 SL72-94《水利建设项目经济评价规范》的计算方法与基本准则进行经济效益分析，从经济上衡量节水灌溉工程是否可行，并在一定支出（自然资源、材料、设备、动力、劳力、时间等）条件下，取得最大的工程效益。在节水灌溉工程的项目决策、规划设计、施工安装和运行管理的全过程中，进行经济分析是必不可少的重要环节。同时，经济分析计算中所获得的有关数据和指标，也是评价节水灌溉工程建设及管理水平的重要依据。

1. 经济分析原则

（1）真实可靠原则。从节水灌溉工程实际出发，重视调查、搜集、分析和整理各种基本资料。在经济分析时，结合工程的特点，有目的地选择应用相关资料，保证资料的真实性、可靠性。

（2）计算基准一致原则。对工程的不同方案进行技术经济比较评价时，应遵循计算基准一致的原则，各个方案的费用和效益在计算范围、计算内容、价格水平等方面一致，使其具有可比性。

（3）动态分析为主原则。进行技术经济计算时，应考虑资金的时间价值，以动态分析为主，静态分析为辅。

（4）货币计量原则。进行经济分析计算时，费用和效益应尽可能用货币表示；不能用货币表示的，应用其他定量指标表示；确实难以定量的，应定性描述。计算中应做到不遗漏、不重复、不夸大。对有综合利用功能的设施，应对其费用和效益进行合理分摊计算。

（5）国民经济评价为主原则。鉴于目前国内的节水灌溉工程一般规模较小、建设周期短，有关资料也比较缺乏，所以，可以根据具体情况，进行国民经济评价和财务评价，以国民经济评价为主。

2. 经济分析方法

（1）静态法。静态法是在分析计算时不考虑资金时间价值的一种方法。这种方法把工程的总投资、年费用和效益，按实际发生的情况，简单地分别叠加起来，并根据规定的经济指标进行比较，以评价工程的经济性。其具有指标概念直观、清楚，计算简单的优点，但由于没有考虑资金的时间价值，没有把投入和产出当做一个过程，不能反映投资和效益随时间变化而产生的增值，因此，不符合货币的价值规律。静态法常用的指标是还本年限和投资效益系数。

（2）动态法。动态法是在经济分析计算时考虑资金时间价值的一种方法。这种方法采用一定的折算率（利率），把不同年份的工程投资、年费用和效益折算成某一基准年的现值或相等的年值进行比较分析，以评价工程的经济性。其考虑了资金的时间价值，能较全面地、真实地反映投入和产出的过程，符合货币的价值规律。动态法中常用的指标是投资回收年限、效益费用比和内部回收率。对节水灌溉工程进行经济分析时，应以动态法为主，若只进行简单估算，也可采用静态法。

在节水灌溉工程经济分析中，货币的时间价值计算通常采用复利法，即各期末的利息加到各期初的本金中，作为下一期的新本金来计算的方法。即：

$$F = P(1+i)^n \quad \text{式 (5-7)}$$

式中：F——期末的本金值；

P——期初本金值；

i——折算率（利率）；

n——计算周期（年）。

5.1.3 国民经济评价与财务分析

根据规范要求，一般水利工程经济评价包括国民经济评价和财务评价。节水灌溉工程相对于其他水利工程项目来说，工程与投资规模小、建设周期短、工程运营管理方式各不相同，可主要进行国民经济评价。若需要进行财务评价，可以只列主要财务报表，分析计算主要财务评价指标。

1. 国民经济评价 国民经济评价是从国家整体角度，采用影子价格，分析计算项目的全部费用和效益，考察项目对国民经济所做的净贡献来评价项目的经济合理性。对于节水灌溉工程来说，主要应进行国民经济评价，其投入和产出可采用现行价格或只做简单调整。按现行价格计算工程项目费用和效益时，应采用同一年的不变价格，使费用和效益的价格水平保持一致。

节水灌溉项目的国民经济评价可根据经济内部回收率、经济净现值及经济效益费用比等评价指标和评价准则进行。

2. 费用计算 节水灌溉工程费用计算包括固定资产投资、流动资金和年运行费。

(1) 固定资产投资。固定资产投资包括建设项目达到设计规模所需要的由国家、企业和个人以各种方式投入的主体工程和相应配套工程的全部建设费用。

节水灌溉工程的固定资产投资，应根据合理工期和施工计划，作出分年度安排。

(2) 流动资金。节水灌溉工程的流动资金应包括维持项目正常运行所需购买的燃料、材料、备品、备件和支付职工工资等的周转资金，流动资金应从项目运行的第一年开始，根据其投产规模分析确定。

(3) 年运行费。年运行费是指节水灌溉工程正常运行期间每年需要的费用，包括工程管理费、燃料动力费、维修费、人员工资及水资源费等，可根据其投产规模和实际需要分析确定。运行初期和正常运行期的效益应根据项目投产计划和配套程度合理计算。

年运行费用（或称年经营费用）是水利工程经济分析中常用的一个重要经济指标，是指水利工程设施在正常运行期间需要支出的经常性费用，包括工程管理费、燃料动力费、维修费以及其他有关费用等。因为这些费用是每年直接花费掉的，所以也称直接年运行费。

①燃料动力费。指节水灌溉工程设施在运行中消耗电、油等费用，它与各年的实际运行情况有关，其消耗指标可以根据规划设计资料或实际管理运用资料，分年统计核算后求其平均

值。如果缺乏实际资料，也可参照类似工程设施的管理运行资料分析确定。

②维修费。主要指节水灌溉工程中各类建筑物和设备，包括渠道在内的维修养护费。一般分为日常维修、岁修（每年维修一次，如渠道、堤防的岁修）和大修理费等。日常的维修养护费用的大小与工程规模、类型、质量和维修养护所需工料有关。一般可按相应工程设施投资的一定比例（费率）进行估算，也可参照同类设施、建筑物或设备的实际开支费用分析确定。大修理一般每隔几年进行一次，所以大修理费并非每年均衡支出，但为简化起见，在实际经济分析中，可将大修理费用平均分摊到各年，作为年运行费用的一项支出。也可按投资的一定比例进行结算。

③管理费。包括职工工资、附加工资和行政费以及日常的观测、科研、试验、技术培训、奖励等费用。该费用的多少与工程规模、性质、机构编制大小等有关。可按地方有关规定并对照类似工程设施的实际开支估算确定。需要强调的是观测、试验研究费，工程在建设前期或建设期间，特别是在管理运用时期，都需进行观测、试验研究。如节水灌溉效益观测、灌溉试验以及有关节水灌溉专题研究等，都应列出专门的费用开支，以保证观测与试验研究工作的正常开展。具体费用额度根据工程规模与需要而定，一般可按年管理运行费的一定比例确定，也可参照类似工程的实际开支费用分析确定。

④水资源费和水费。根据规定每年应向有关部门缴纳的水资源费，或当灌溉用水由其他单位或部门供应时，节水灌溉工程每年应交纳的水费。

⑤其他费用。其他经常性支出的费用，如参加保险的工程项目，按保险部门规定每年交纳保险费等。

应该注意，节水灌溉效益一般是用工程建设后各项效益的增加值来表征。所以其年运行费也应该是年运行费的新增部分，即如果原来已有其他灌溉工程（如地面灌工程），则应从以上各项费用的合计中扣除原有工程的运行费。

（4）费用分摊。节水灌溉工程与其他部门或单位共同使用一个水源工程或其他相关工程时，其投资和运行费都应根据各自使用的水量等进行合理分摊。节水灌溉工程应分摊的部分为

$$K_p = K\frac{W_p}{W_p + W_g} \quad 式（5-8）$$

式中：K_p——节水灌溉工程应分摊的费用（元）；

K——共用的水源工程或其他工程的费用(元)；

W_p——节水灌溉工程多年平均用水量(米^3)；

W_g——其他部门或单位多年平均用水量（米）。

如果节水灌溉工程规模较小，投资不易分摊，或者其用水需向其他部门交纳水费时，就不再分摊共用工程的费用。

3. 工程经济效益计算 节水灌溉工程经济效益是指工程建设完成投入管理使用后所能获得的经济效益。节水灌溉工程的经济效益通常包括工程修建后所增加的农业产值，以及节水、省地等所增加的效益。

（1）增产效益计算。增产效益是指兴建了节水灌溉工程以后，在相同的自然、农业生产条件下，比较有节水灌溉措施和无节水灌溉措施时的农业产量（或产值），其增加的产量（或产值）即为增产效益。

节水灌溉的新增产值一般应计算包括丰水年、平水年和枯水年等水平年在内的多年平均增产值，在缺乏不同水文年增产资料时，可将平水年的增产效益作为多年平均增产效益进行计算。另外还应计算特殊干旱年的增产值，作为分析比较。

计算中，农产品价格选用原则：对农产品调出地区，按国家收购价格计算；对农产品调入地区，增产的自给部分按国家调达到该地区的农产品成本计算，超出自给的部分，按国家现行收购价格计算。如果农产品价格已完全由市场调节，则可采用市场价格。

目前应用比较普遍的计算方法是产值对比法：将受益地区（或面积）在未修建节水灌溉工程以前的农作物总产值与工程建成使用后农作物总产值相比较，其增加部分即为增产效益。

如果节水灌溉前后，农业技术等措施基本相同时，新增产值等于节水灌溉后与节水灌溉前相比所增加的产值，多年平均增产值为

$$B=\sum_{i=1}^{n}A_i(Y_{pi}-Y_i)D_i \qquad \text{式 (5-9)}$$

式中：B——节水灌溉工程建成后多年平均新增产值（元/年）；

A_i——第 i 种作物的种植面积（公顷）；

Y_{pi}——节水灌溉后第 i 种作物的多年平均单位产量（千克/公顷）；

Y_i——节水灌溉前第 i 种作物的多年平均单位产量（千克/公顷）；

D_i——第 i 种作物产品单价（元/千克）。

如果农业技术等措施随着水利条件的改善而改变和提高（如农作物品种改良、增施肥料、地膜覆盖和秸秆还田、加强田间管理、耕作技术与植保措施改善等），项目区农作物产量会有第二次明显的增长，这一增长显然是节水灌溉和农业措施共同作用的结果。这时增产效益必须在节水灌溉和农业技术等措施之间进行分摊。

增产效益分摊系数 ε 是指在整个增产效益中节水灌溉应该分摊的比例，分摊系数 ε 值应根据调查和试验资料分析确定，无资料时，应参照条件类似节水灌溉区试验资料确定，ε 一般在 0.2～0.6 范围内。

节水灌溉工程完成后大大改善了灌溉条件，为了提高农业生产效益，农业技术等措施也会发生变化，在农业生产上的投资也随之发生变化，节水灌溉工程完成前后投入的农业生产费用也不

相同。因此，可以调查统计发展节水灌溉以后为采取相应的农业技术等措施所增加的生产费用（包括增加的种子、肥料、植保、田间管理费用等），并考虑合理的报酬率后，从农业增产总值（或总毛效益）中扣除，余下的部分即可作为节水灌溉措施产生的增产效益。这样，增产效益分摊系数为：

$$\varepsilon = \frac{\Delta B - \Delta C(1+\gamma)}{\Delta B} \quad 式（5-10）$$

式中：ΔB——修建节水灌溉工程后的农业增产效益，用总产值表示，可以年计算或多年平均值计算；

ΔC——发展节水灌溉以后，增加的农业生产费用，可以年计算或多年平均值计算；

γ——增加农业生产费用而获得的合理报酬率。

考虑分摊系数后，节水灌溉增产效益为：

$$B = \sum_{i=1}^{n} \varepsilon_i A_i (Y_{pi} - Y_i) D_i \quad 式（5-11）$$

式中：ε_i——第 i 种作物的增产分摊系数；

其他符号意义同前。

节水灌溉发展对于促进农业种植结构调整具有积极意义，一般节水灌溉发展后，生产条件的改善使种植结构发生变化，这时各种作物种植面积，以及作物种类与以前也大不相同，这种情况下，增产效益为：

$$B = \sum_{k=1}^{m} \varepsilon_k (P_{pk} - P_k) \quad 式（5-12）$$

式中：B——节水灌溉工程建成后多年平均新增产值（元/年）；

P_{pk}——节水灌溉后第 k 块农田平均产值（元/年）；

P_k——节水灌溉前第 k 块农田平均产值（元/年）；

m——节水灌溉区农田分块数；

其他符号意义同前。

（2）节水产生经济效益计算。节水灌溉的最直接效益是省水增产。节水灌溉工程节省的水量根据其用途不同，经济效益也不相同，如果节省水量用于生态环境时，其为生态环境效益，没有直接经济效益。对于省水经济效益，应结合当地的具体情况进行估算。

节省水量能产生直接经济效益时有以下几种情况。

①用于农业生产。节省水量用于扩大灌溉面积或改善灌溉面积，将提高农业产值，可根据扩大灌溉面积或改善灌溉面积前后增产值计算效益。扩大灌溉面积，取得的新增产值效益，除了水源保证外，如果还需要对灌溉渠系及相关设施进行配套建设与改善，此时，应从新增产值中扣除相应的工程费用等有关新增费用或进行效益分摊，扩大灌溉面积或改善灌溉面积的新增效益值计算原理同前。如果将所节省水量通过水权交易卖给了其他地区进行农业生产，那么，水费收入（可根据情况按市场水价或影子水价）即为节约水量产生的经济效益。

②用于工业或城镇供水。有些地区供水工程建设落后于当地工业和城镇生活用水需求，水资源供需矛盾突出，实施节水灌溉后，节省水量可全部或部分用于工业或城镇生活，其经济效益按向工业或城镇供水的水资源费收入（按市场水价或影子水价）计算。

③其他经济用途。节省水量还可能用于向鱼塘、蓄水池等充水，或稀释污水等其他用途，这种情况下，其经济效益可根据具体情况，按照有关要求计算，但效益计算不能重复。

（3）省地效益计算。节水灌溉工程由于采用地埋管道，或渠道防渗后缩小了渠道断面等，与土渠输水、传统地面灌溉相比，可减少渠道及灌溉设施占地面积，节省土地。节省土地可以用于农田耕作，增加农作物种植面积；在郊区或工业开发区，土地资源极为珍贵，节省土地也可以弥补建设用地占用的耕地资源。一般来说，可将由于省地而新增的种植面积的产值，扣除农业生产费用后剩余的部分，作为省地带来的经济效益。如果节水灌溉工程实施后，作物复种指数提高，由此而增加的作物复种面积的增产值，也应作为省地效益，但如果在增产效益计算时，单位面积增产中已包含了复种指数提高的因素，则其不应再计入省地效益。省地面积为：

$$\Delta S = S_0 - S_1 + S_2 \qquad 式（5-13）$$

式中：ΔS——省地面积（公顷）；

S_1——节水灌溉渠（管）道系统的占地面积（公顷）；

S_0——传统灌溉渠道系统的占地面积（公顷）；

S_2——土地平整后增加的面积（公顷）。

通过测算，节水灌溉技术项目实施后，将比土渠输水灌溉省地1.5%～5%，其中大田喷灌、微灌省地3%～5%，管灌省地1.2%，渠道防渗可省地0.2%。不同节水灌溉工程形式与土渠等传统输水灌溉方式相比的省地率见表5-2。

表5-2　各种节水灌溉工程与土壤输水土渠输水比较省地率

节水灌溉形式	喷灌、微灌	管道输水	渠道防渗
省地率（%）	3～5	1.2	0.2

（4）其他经济效益。节水灌溉实施后，还有省工、节能效益，也就是燃料动力费和管理费用较前有所降低，该部分效益如果在年运行费用中予以考虑，可不单独计算。另外，在计算效益时，节水灌溉工程实施后产生的水土保持效益、观光旅游效益等其他经济效益也应予以考虑。

4. 国民经济评价指标与评价原则

（1）经济内部收益率（*EIRR*）。经济内部收益率以项目计算期内各年净效益现值累计等于零时的折现率表示，即

$$\sum_{t=1}^{n}(B-C)_t(1+EIRR)^{-t}=0 \qquad 式（5-14）$$

式中：*EIRR*——经济内部收益率；

B—— 年效益(万元)；

C—— 年费用(万元)；

n—— 计算期；

t ——计算期各年的序号，基准点的序号为 0。

节水灌溉项目的社会折现率可以取 12%，对于主要为生态环境效益和社会效益的项目也可以取 7%。当经济内部收益率大于或等于社会折现率时，该项目在经济上是合理的。

(2) 经济净现值（*ENPV*）。经济净现值是用社会折现率将项目计算期内各年的净效益折算到计算期初的现值之和表示，即

$$ENPV = \sum_{t=1}^{n}(B-C)_t(1-i_s)^{-t} \qquad 式（5-15）$$

式中：$ENPV$——经济净现值（万元）；

i_s ——社会折现率。

当项目的经济净现值大于或等于零（ENPV≥0）时，该项目在经济上是合理的。

(3) 经济效益费用比（*EBCR*）。经济效益费用比为项目效益现值与费用现值之比，即

$$EBCR = \frac{\sum_{t=1}^{n}B_t(1+i_s)^{-t}}{\sum_{t=1}^{n}C_t(1+i_s)^{-t}} \qquad 式（5-16）$$

式中：$EBCR$——经济效益费用比；

B_t ——第 t 年的效益（万元）；

C_t ——第 t 年的费用（万元）。

根据 SL207—98《节水灌溉技术规范》，节水灌溉项目只有当 $EBCR$ 大于或等于 1.2 时，该项目在经济上是合理的。

5.1.4　技术经济指标

为了从各方面反映节水灌溉工程建设的技术经济特征，全面

衡量和评价工程的技术经济效果和设计管理水平，除了对工程进行国民经济评价外，还应分析计算单位技术经济指标，作为综合经济评价的补充指标。对于每项具体的节水灌溉工程来说，可根据掌握资料的情况和要求评价的内容，分析计算有关指标。节水灌溉工程包括渠道防渗、管道输水、喷灌、微灌及其他形式，为了便于对比分析，应针对不同的工程形式分别计算技术经济指标。下面对与节水灌溉工程相关的主要指标进行简单探讨。

1. 单位面积投资指标 节水灌溉工程的单位面积投资为：

$$K_m = K/A \qquad \text{式 (5-17)}$$

式中：K_m—— 工程的单位面积投资(元 / 公顷)；

K—— 工程总投资(元)；

A ——工程控制的总面积（公顷）。

2. 单位面积材料用量指标

（1）单位面积管道用量。单位面积管道用量是指平均每公顷管道长度（米/公顷），应该按材质和管径分别统计计算，即：

$$L_m = L/A \qquad \text{式 (5-18)}$$

式中：L_m——每公顷管道长度（米/公顷）；

L——节水灌溉工程管道总长度（米）。

（2）单位面积建筑材料用量。钢铁、水泥、塑料等主要材料的公顷用量，如每公顷水泥用量（千克/公顷）、每公顷砂、石、木材用量（米^3/公顷）等，计算公式为：

$$W_m = W/A \qquad \text{式 (5-19)}$$

式中：W_m——某种材料的每公顷用量（千克/公顷或米^3/公顷）；

W——某种材料的总用量（千克或米^3）。

3. 动力、能耗指标

（1）单位面积装机功率。如果需要加压或提水、抽水方可进行灌溉时，每公顷装机功率是表征动力配置水平的重要技术指标，计算公式为：

$$P_m = P_z/A \qquad \text{式（5-20）}$$

式中：P_m——每公顷装机功率（千瓦/公顷）；

P_z——节水灌溉工程装机功率（千瓦）。

（2）单位面积年用电（油）量。单位能耗表征了节水灌溉工程的系统运行效率和管理水平。能耗指标一般用每公顷年用电（油）量表示，计算公式为：

$$E_m = E_z/A \qquad \text{式（5-21）}$$

式中：E_m——每公顷年用电（油）量［千瓦·时/（年·公顷）或千克/（年·公顷）］；

E_z——节水灌溉工程平均年用电（油）量（千瓦·时/年或千克/年）；

A——节水灌溉工程面积（公顷）。

4. 灌溉劳动效率指标

（1）灌溉作业单位面积年均用工。该指标表示节水灌溉工程灌溉作业的劳动付出值，其代表灌溉设施现代化程度。

$$G_m = G_z/A \qquad \text{式（5-22）}$$

式中：G_m——灌溉作业每公顷年均用工［工日/（年·公顷）］；

G_z——灌溉作业年用工总数（工日/年）；

A——灌溉作业总面积（公顷）。

（2）人均管理灌溉面积。该项指标表征了节水灌溉工程的设施设备现代化水平和管理效率（公顷/人）。

5. 灌溉用水效率指标

（1）灌溉节水百分率。该项指标用节水灌溉实施后的省水量占原灌溉用水量的百分比表示，即：

$$R_{sh} = [(M_d - M_p)/M_d] \times 100\% \qquad \text{式（5-23）}$$

式中：R_{sh}——节水灌溉省水百分比（%）；

M_d——节水灌溉前年毛总用水量（米^3/年）；

M_p——节水灌溉后毛总用水量（米^3/年）。

（2）灌溉水生产率。灌溉水生产率为多年平均或典型水平年的单方毛灌溉水生产的粮食或产值，千克/米^3 或元/米^3，表明灌溉用水产出效率。在同一地区，通过该指标比较，可以评价节水灌溉的效果，计算公式为：

$$R_s = Y_p / M_{gj} \quad \text{式（5-24）}$$

式中：R_s——单位灌溉水量产量或产值（千克/米^3 或元/米^3）；

Y_p——节水灌溉面积上每公顷产量或产值（千克/公顷或元/公顷）；

M_{gj}——节水灌溉面积上每公顷平均用水量（米^3/公顷）。

（3）水分生产效率。以田间每立方米净耗水量产出的产量（千克/米^3）或产值（元/米^3）来表示，计算公式为：

$$R_h = Y_p / M_{sj} \quad \text{式（5-25）}$$

式中：R_h——水分生产效率（千克/米^3 或元/米^3）；

Y_p——作物产量或产值（千克或元）；

M_{sj}——单位净耗水量（米^3）。

6. 费用指标

（1）单位面积年运行费。单位面积年运行费为：

$$C_{ym} = C_y / A \quad \text{式（5-26）}$$

式中：C_{ym}——节水灌溉每公顷年均运行费（元/年·公顷）；

C_y——节水灌溉工程年总运行费（元/年）；

A——灌溉作业总面积（公顷）。

（2）单位面积年费用。单位面积年费用为：

$$C_{nm} = (D + C_y) / A \quad \text{式（5-27）}$$

式中：C_{nm}——节水灌溉工程每公顷的年费用［元/（年·公顷）］；

D——工程折旧费（元/年）；

其他符号意义同前。

7. 增产指标

(1) 单位面积增产量(值)。单位面积增产量为:

$$\Delta T = Y_p - Y_0 \quad \text{式 (5-28)}$$

式中:ΔT——每公顷增产量(值)(千克/公顷或元/公顷);

Y_0——节水灌溉前每公顷产量(值)(千克/公顷或元/公顷);

其他符号意义同前。

(2) 增产百分比。增产百分比为:

$$R_z = (\Delta Y/Y_0) \times 100\% \quad \text{式 (5-29)}$$

5.2 各灌溉方法与技术的总体评价

灌水方法是指灌溉水进入田间或作物根区土壤内转化为土壤肥力水分要素的方法,亦即灌溉水湿润田面或田间土壤的形式。灌水技术则是指相应于某种灌水方法所必须采用的一系列科学技术措施,亦即从田间渠道网或管道向灌水地块配水,向灌水沟、畦、格田或灌水设备、灌水机械内供水、分水与灌水等的种种技术。

5.2.1 灌水方法类型

根据灌溉水向田间输送与湿润土壤的方式不同,一般把灌水方法分为四大类:①地面灌水方法;②喷灌灌水方法;③微灌灌水方法;④渗灌灌水方法。

1. 地面灌水方法 地面灌水方法是使灌溉水通过田间渠沟或管道输入田间,水流呈连续薄水层或细小水流沿田面流动,主要借重力作用兼有毛细管作用下渗湿润土壤的灌水方法,又称重力灌水法。

地面灌水方法是世界上最古老的,也是目前普遍采用的灌水方法。全世界现有灌溉面积中，约有90%左右的灌溉面积采用地面灌溉。在我国农田灌溉发展中，地面灌溉方法有着悠久的历史，我国劳动人民数千年来已积累了极为丰富的地面灌水经验，对提高和发展农牧业生产起了很大的作用。目前，我国地面灌溉面积仍占全国总灌溉面积的98%以上。

2. 喷灌灌水方法 喷灌，即喷洒灌溉。喷灌灌水方法是利用一套专门的设备将灌溉水加压或利用地形高差自压，并通过管道系统输送压力水至喷洒装置（即喷头）喷射到空中分散成细小的水滴，像天然降雨一样降落到地面，随后主要借毛管力和重力作用渗入土壤灌溉作物的灌水方法。喷灌法与气象上的人工降雨在外形上看似相同，但实质上其降雨洒水原理却截然不同。

3. 微灌灌水方法 微灌灌水方法是通过一套专门设备，将灌溉水加低压或利用地形落差自压、过滤，并通过管道系统输水至末级管道上的特殊灌水器，使水和溶于水中的化肥以较小的流量均匀而又经常地、缓慢地湿润作物根系区附近的土壤表面或地表下土壤。微灌法主要借毛细管作用，也有部分重力作用湿润根系区附近局部范围的土体，所以又称局部灌溉法。微灌法依细小水流由灌水器流出的方式不同，可分为滴灌法、微喷灌法和涌泉灌法等多种类型。

4. 渗灌灌水方法 渗灌法又称浸灌法、地下灌水方法。它是利用修筑在地下的专门设施（管道或鼠洞等）将灌溉水引入田间耕作层，借毛细管作用自下而上湿润土壤灌溉作物的灌水方法。

各种灌木方法都有其优缺点，都有其适应的自然条件，如土壤、气候、地形以及水源情况，社会经济条件和农业生产状况等，因而就有其一定的适用范围。选用灌水方法时，应主要考虑作物、地形、土壤和水源等要素，以取得经济效益的大小为取舍依据。对于地形平坦，土壤透水性不大的地区，仍应以选用地面灌水方法为主。对于经济效益高的作物如果树、蔬菜等可结合当地具体情况，因地制宜地选用喷灌、微灌或渗灌法。

5.2.2　评估灌水质量的指标

1. 田间水的有效利用率　田间水的有效利用率定义为储存于作物根系土壤区内的水量与实际灌入田间的总水量的比值。即：

$$E_a = V_s/V \cdot 100\% = (V_1+V_4)/V = (V_1+V_4)/(V_1+V_2+V_3+V_4) \quad 式(5-30)$$

式中：E_a——田间水的有效利用率（%）；

V_s——灌溉后储存于计划湿润作物根系土壤区内的水量（米^{3}或毫米）；

V_1——作物有效利用的水量，即作物蒸腾量（米^{3}或毫米）；

V_2——深层渗漏损失水量（米^{3}或毫米）；

V_3——田间灌水径流损失水量（米^{3}或毫米）；

V_4——蒸发量和水分漂移损失水量（米^{3}或毫米），对于地面灌水方法，V_4主要指作物植株之间的土壤蒸发量；

V_0——灌水量不足区域所欠缺的水量（米^{3}或毫米）；

V——输入田间实施灌水的总水量（米^{3}或毫米）。

田间水的有效利用率表征应用灌水方法或灌水技术对农田灌溉水有效利用的程度，是标志农田灌水质量优劣的一个重要评估指标。对于地面灌溉，《节水灌溉技术规范》SL207－98要求田间水有效利用率$E_a \geqslant 90\%$。

2. 田间灌水储存率　田间灌水储存率定义为储存于作物根系土壤区内的水量与该区所需要的总水量的比值。

$$E_s = V_s/V_n \cdot 100\% = (V_1+V_4)/(V_1+V_4+V_0) \quad 式(5-31)$$

式中：E_s——田间水储存率（%）；

V_n——灌前作物根系土壤区内所需要的总水量（米^3

或毫米)；

其余符号意义同前。

3. 田间灌水均匀度 田间灌水均匀度定义为应用田间灌溉水湿润作物根系土壤区的均匀程度，或者表征为田间灌溉水在田面上各点分布的均匀程度。

$$E_d = \frac{\Delta Z}{Z_d} \qquad 式(5-32)$$

式中：E_d——田间灌水均匀度（%）；

ΔZ——灌水后各测点的实际入渗水量与平均入渗水量离差绝对值的平均值（$米^3$ 或毫米）；

Z_d——灌水后土壤内的平均入渗水量（$米^3$ 或毫米）。

一般对地面灌水方法要求，$E_d \geq 85\%$以上，最高 $E_d = 100\% = 1.0$。

4. 田间灌水质量综合有效利用率 田间灌水质量综合有效利用率定义为有效入渗水量与有效入渗水量、深层渗漏水量、田间灌水径流流失量、土壤蒸发量和水分漂移损失水量以及灌水不足区域所欠缺水量总和的比值。

$$E_g = V_1 / (V_1 + V_2 + V_3 + V_4 + V_0) \qquad 式(5-33)$$

式中：E_g——田间灌水质量综合有效利用率（%）；

其余符号意义同前。

5.2.3 对灌水方法的评价

灌水方法就是灌溉水进入田间并湿润根区土壤的方法与方式。灌溉水流转化为分散的土壤水分，以满足作物对水、气、肥的需要。对灌水方法的要求是多方面的，先进而合理的灌水方法应满足以下几个方面的要求：

（1）灌水均匀。能保证将水按拟定的灌水定额灌到田间，而且使得每棵作物都可以得到相同的水量。常以均匀系数来表示。

（2）灌溉水的利用率高。应使灌溉水都保持在作物可以吸收到的土壤里，能尽量减少发生地面流失和深层渗漏，提高田间水利用系数（即灌水效率）。

（3）少破坏或不破坏土壤团粒结构，灌水后能使土壤保持疏松状态，表土不形成结壳，以减少地表蒸发。

表 5-3　各种灌水方法使用条件简表

灌水方法	灌水技术	作物	地形	水源	土壤
地面灌溉	畦灌	密植作物（小麦，谷子等），牧草和某些蔬菜	坡度均匀，坡度不超过0.2%	水量充足	中等透水性
	沟灌	宽行作物（棉花，玉米等），某些蔬菜	坡度均匀，坡度不超过2%～5%	水量充足	中等透水性
喷灌	喷灌	经济作物，蔬菜，果树	各种坡度均可，尤其适应复杂地形	水量较小	各种透水性，尤其是透水性大的
	渗灌	根系较深的作物	平坦	水量缺乏	透水性较小
微灌	滴灌	果树，瓜类，宽行作物	平坦	水量及其缺乏	各种透水性
	微喷	果树，花卉，蔬菜	较平坦	水量缺乏	各种透水性

表 5-4　各种灌水方法优缺点比较简表

灌水方法	灌水技术	灌水利用率	灌水均匀性	影响土壤结构	施肥状况	冲洗盐碱土	基建设备投资	土地平整土方	田间工程占地	能源消耗量	管理用劳力
地面灌溉	畦灌	○	○	－	○	○	○	－	－	＋	－
	沟灌	○	○	○	○	○	○	－	－	＋	－
喷灌	喷灌	＋	＋	＋	○	－	－	＋	＋	－	○
局部灌溉	渗灌	＋	＋	＋	○	－	－	○	＋	○	＋
	滴灌	＋	＋	＋	＋	－	－	○	＋	○	＋
	微喷	＋	＋	＋	＋	－	－	○	＋	○	＋

注：＋表示优，－表示差，○表示一般。

（4）便于和其他农业措施相结合。现代灌溉已发展到不仅应满足作物对水分的要求，而且还满足作物对肥料及环境的要求。因此现代的灌水方法应当便于与施肥、施农药（杀虫剂、除莠剂等）、冲洗盐碱、调节田间小气候等相结合。此外，要有利于中耕、收获等农业操作，对田间交通的影响少。

（5）应有较高的劳动生产率，使得一个灌水员管理的面积最大。为此，所采用的灌水方法应便于实现机械化和自动化，使得管理所需要的人力最少。

（6）对地形的适应性强。应能适应各种地形坡度以及田间不很平坦的田块的灌溉，不会对土地平整提出过高的要求。

（7）基本建设投资与管理费用低，也要求能量消耗最少，便于大面积推广。

（8）田间占地少。有利于提高土地利用率使得有更多的土地用于作物的栽培。

5.3 典型灌溉技术综合效益实例分析

5.3.1 埂畦膜上灌水与平播沟灌棉花及品质比较

1. 埂畦植膜上灌水比平播沟灌量高产 埂畦植膜上灌水比平播沟灌增产各地多点试验示范推广结果是一致的。农五师 86 平均增产 11.8%（见表 5-5），其年度间膜上灌水的增产幅度变化较大，这与年度间涉及土壤气候等多因素有关，但这个增产比例和多处大田对比试验结果相近，如农五师 90 团 1992 年在同一条田同种地膜（90 厘米幅宽），采用埂畦植与平播两种方法铺膜播种，全部实行喷灌，埂畦植的 113.79 千克/亩，平播的 102.6 千克/亩，埂畦植比平播增产 11.22%；其他试验推广的例子还有：农八师 143 团埂畦膜上灌水与露地棉沟灌比较，单产分别为 76.8 千克/亩和 59.3 千克/亩，坡畦植棉膜上灌水的增产 22.8%，农六师 105 团场 1 250 亩埂畦植膜上灌水平均亩产皮棉

84.7千克/亩，比点播沟灌地膜棉亩产72.4千克/亩增产12.3%、农六师芳草湖农场1 200亩埂畦植地膜棉膜上灌水的亩产皮棉93.7千克/亩比8 036亩平播沟灌地膜棉增产12.3%。综上所述埂畦植膜上灌比平播沟灌地膜棉增产11%～12%几率较大。

表5-5　两种灌法棉花考种比较表（1988—1989两年平均）

	单株铃	伏前桃	霜前花	单铃重	衣指	衣分	纤棉长度
	（个）	（个/株）	（%）	（克）	（克）	（%）	（毫米）
畦植膜灌A	9.5	4.85	89.4	5.0	5.59	35.5	32.0
平播沟灌B	8.7	4.55	86.0	4.78	5.29	35.28	31.65
A-B	0.8	0.3	3.4	0.22	0.3	0.22	0.35
A÷B×100	109.2	106.6	104.0	104.6	105.7	100.6	101.1

2. 两种灌法产量构成因子比较　小区对比试验和大田调查结果都说明埂畦植膜上灌水苗全、收获株数多（见表5-5），单株铃数、铃重和衣分也都略高于平播沟灌地膜棉。如农垦科学院对比试验单株铃多9.2%，单铃重多0.13～0.28克，衣分高0.2%～0.25%。农六师105团调查1 290亩埂畦植膜上灌水的平均收获株数10 552株/亩、比平播沟灌（2 710亩）多2 056株/亩，单株铃数多0.46个，单铃重多0.06克，增产16.4%。埂畦植膜上灌水的单产提高和产量构成因子增长是一致的。

表5-6　两种灌法纤维品质比较研究（1989年12月85团扎花厂化验）

项目	品长	成熟系数	卜强	马克隆值
埂畦植膜上灌A	129	1.65	1.65	4.8
平播沟灌B	129	1.57	81.2	4.3
A-B	A-B	0.08	5.4	0.5

3. 两种灌法棉花品质比较 由于埂畦植有利于促进棉花前期生长发育，所以埂畦植膜上灌水的伏前桃多，霜前花多、纤维长度长、农垦科学院试验结果分别比平播沟灌多66%、4.0%和长0.35毫米，86团轧花厂通过对两种灌法棉花取样检验棉花纤维品质证明，除皮棉品级均达到129级外，埂畦植膜上灌水的棉花纤维品质各项指标均优于平播沟灌，膜上灌水的纤维熟度1.65、卜强86.6、马克隆值达4.8，分别比平播沟灌多0.08、5.4和0.5（见表5-6）。

5.3.2 地膜植棉喷灌比地面畦灌增产效益分析

1. 增产情况 将1992年地膜植棉喷灌和地面畦灌（以下简称喷灌和畦灌）试验小区单产和实际灌量按田间排列顺序，见表5-7。

表5-7 埂畦植和平播地膜棉灌水前土壤含量比较表（%）

区 号		1	2	3	4	5	6	7	8	9	平均
喷灌A	灌水量（米³/亩）	390	350	310	265	220	265	310	350	390	316.67
	单产（千克/亩）	115.9	119.1	125.5	120.9	106.1	107.3	107.8	103.5	99.5	111.7
畦灌B	灌水量（米³/亩）	425	380.9	345	305	266.6	305	345	380.9	425.0	353.2
	单产（千克/亩）	101.5	103.8	98.9	97.5	88.2	89.2	96.4	102	94.4	96.9
产量比较	A－B（千克/亩）	14.3	15.3	26.6	23.4	17.9	18.3	11.4	1.5	5.0	14.9
	A÷B×100（%）	12.3	12.8	21.2	19.4	16.9	17.1	10.6	1.1	5.0	13.3

从表5-7可以看出，地膜植棉9次重复喷灌的平均灌水量316.67米^3/亩是畦灌353.23米^3/亩的89.7%，平均单产喷灌111.7千克/亩是畦灌96.9千克/亩的115.3%；两种灌法的最高单产：喷灌灌量350千克/亩，皮棉单产119.1千克/亩，畦灌灌量为380.9米^3/亩，皮棉单产103.8千克/亩，喷灌灌量是畦灌的91.89%，单产是畦灌的114.74%；按接近等量喷灌265米^3/亩与畦灌266.6米^3/亩比较，皮棉单产分别为120.9千克/亩和88.2千克/亩，喷灌比畦灌增产37%、增产32.7千克/亩，各试验对比小区的增产几率为100%，显著测定达到极显著。可见地膜植棉喷灌比畦灌增产具有可靠性。

2. 喷灌和畦灌水产比及水效益比较　将喷灌和畦灌各处理平均和两种灌量最高产量处理的水产比及水效益列入表5-8。从表5-8可以看出喷灌灌量从220～390千克/亩；畦灌灌量从266.6～425.0千克/亩的5个不同灌量的平均水产比，喷灌为0.353千克/米^3，畦灌为0.274千克/米^3，喷灌是畦灌的128.83%。最高单产处理的水产比，喷灌为0.376千克/米^3，畦灌为0.27千克/米^3，喷灌是畦灌的139.26%，说明不同灌量条件喷灌水产比均比畦灌高，而最佳灌量处理的喷灌比畦灌水产比更高。

表5-8　喷灌与畦灌水效益比较表

项目	各处理平均				
	灌水量（米^3/亩）	皮棉产量（千克/亩）	水产比（千克/米^3）	单价（元/千克）	水效益（元/米^3）
喷灌A	316.7	111.7	0.353	7.5	2.65
喷灌B	353.2	96.9	0.274	7.5	2.06
A－B	－36.5	14.9	0.079	0	0.59
A－B/B×100（%）	－10.33	15.37	28.83	0	28.64

（续）

项目	最高单产处理				
	灌水量（米³/亩）	皮棉产量（千克/亩）	水产比（千克/米³）	单价（元/千克）	水效益（元/米³）
喷灌 A	310	116.6	0.376	7.5	2.82
喷灌 B	380.9	102.9	0.270	7.5	2.02
A－B	－70.9	13.7	0.106	0	0.8
A－B/B×100（%）	18.0	13.3	39.3	0	39.6

两种灌法的水效益的关系和水产比关系相似，按 1992 年价格计算，各种处理平均喷灌水效益为 2.65 元/米³，畦灌为 2.06 元/米³，喷灌为畦灌的 128.64%；最高单产的水效益喷灌为 2.82 元/米³，畦灌为 2.02 元/米³，喷灌是畦灌的 139.6%。喷灌水成本 1992 年为 0.057 元/米³、畦灌为 0.04/米³，即喷灌比畦灌多 0.014 元/米³，喷灌设备折旧费比畦灌多 0.129 元/米³，因此，喷灌的水净效益＝喷灌水效益－畦灌水效益－（喷灌水电费－畦灌水电费）－喷灌设备折旧费＝2.82－2.02－0.014－0.129＝0.657（元/米³）

3. 地膜植棉喷灌较畦灌节水 从节水和增产统一分析：一是两种灌法获得最高单产的处理的水产比，喷灌比畦灌高 39.6，即获得等量的产量喷灌比喷灌节水 39.6%；另一方面是从不同处理中喷灌获得和畦灌相接近产量的灌溉比较，喷灌 220 米³/亩，单产皮棉 106.1 千克/亩，畦灌 380.9 米³/亩时获得皮棉单产 103.8 千克/亩。喷灌灌量为畦灌的 57.76%，即喷灌比畦灌节水 42.24%。因此。在当地气候条件下，地膜植棉喷灌比畦灌节水 40%左右较确切。

4. 地膜植棉喷灌较畦灌增产的原因分析 从产量构成因子看，将地膜植棉喷灌和畦灌各处理测产和定点定株记载的资料汇于表 5－9。如表 5－9 所示，喷灌比畦灌增产主要由于亩铃数喷灌比畦灌多17.4%，衣分高2.10%，铃多主要是伏桃和秋桃分别比畦灌多13.5%相47.0%。畦灌伏前桃和霜前花比喷灌高13.4%和5.6%所以畦灌单铃重比喷灌多0.2克，造成后面这些不利因素并不是喷灌本来的弊病、而是前期喷灌水量不足引起。

表5-9　喷灌与畦灌产量构成因子比较表

项目	亩株数（株/亩）	亩铃数（个/亩）	单铃重（克）	衣分（%）	伏前桃（个/株）	伏桃（个/株）	秋桃（个/株）	霜前花（%）	霜后花（%）
喷灌A	13 800	81 462	5.56	35.18	1.16	5.45	0.97	92.03	7.97
畦灌B	13 670	69 403	5.76	34.44	1.34	4.80	0.66	97.5	2.50
A－B	130	12 069	0.2	0.74	0.18	0.65	0.31	5.47	5.47
A－B/B×100（%）	0.95	17.4	－3.5	2.10	－13.4	13.5	47.0	－5.6	218.80

5.3.3　膜下滴灌技术与其他技术的成本对比

根据兵团各师在不同土壤、地形和地下水位以及不同作物中试验示范，膜下滴灌有以下主要优点。

1. 节省灌溉用水以及提高水效益　采用膜下滴灌技术的灌溉定额因土壤、地下水位和作物产量水平不同差异很大。据统计地膜植棉膜下滴灌生育期灌水定额在200～300米^3/亩。总的趋势是水效益膜下滴灌高于喷灌，喷灌的高于淹灌。以农五师90团9连2000年大田地膜植棉为例，膜下滴灌的水产比为1∶1.275，喷灌为1∶0.81，淹灌的为1∶0.58（指籽棉）。膜下滴灌的水效益比喷灌高57%，比淹灌高119.8%。采用膜下滴灌技术既可利用现有水源扩大面积和提高单产，又可以提高单位水的生产效率。

2. 节省肥料及提高肥料的利用率　由于膜下滴灌便于控制水的渗透深度减少化肥渗漏，以及水肥同步适时适量供应作物生长需要，所以肥料利用率比沟畦淹灌高20%～30%。同样高于喷灌灌溉。据测定现行沟畦灌化肥利用率只有30%～40%，滴灌施肥利用率可提高到50%～65%。膜下滴灌作物肥料效益高，既可增产和节省单位产品成本，又可减少因化肥流失对环境的污染。

3. 提高劳动生产率　因膜下滴灌能通过滴灌设备完成灌水，施化肥等田间作业，没有像喷灌搬运地面管的繁重劳动，所以人均承包作物管理面积高于淹灌和喷灌。滴灌管理面积大，单产和劳动生产率高。如90团9连地膜植棉人均管理面积，滴灌平均为3.3公顷，喷灌地2.2～2.3公顷，淹灌2公顷。人均年产值分别为：膜下滴灌68 450元，喷灌45 665.9元，淹灌35 520元。

4. 提高土地利用率　膜下滴灌和喷灌一样实行管道输水，减少了斗农，毛渠的占地面积，比淹灌可以增加土地利用率的5%～7%，和移动式喷灌比也可减少地面布管和搬管造成的损失。

5. 减少病虫害传播途径　膜下滴灌水集中于土壤内，表面有地膜隔截，株间和膜上保持干燥，不利于病虫繁殖，同时减少了机力、人力中耕作业追肥，喷灌和浇水等人机在株行间串行以及流水等病虫传播途径，棉田病虫明显减少。调查显示，膜下滴灌棉田的黄萎病、枯萎病、立枯病、角斑病、蚜虫和红蜘蛛少于沟灌棉田。

6. 提高作物产量和品质　如前所述膜下滴灌有诸多提高作物单产和总产的因素，所以在同等水肥条件下膜下滴灌可以促进作物低产变高产，特别是土壤黏重中低产田，土层薄保水性能差的戈壁地，以及坡度大、沟畦灌、喷灌难度大的条田实行膜下滴灌增产效果显著。同时由于生长发育稳健、病虫少、早熟等因素，所以膜下滴灌棉田霜前花和伏桃多，皮棉品级也有明显优势。2000年农五师不同灌水方式棉花比较见表5-10。从表5-10各种灌水方式平均单产可以看出膜下滴灌较喷灌增产7.1%，较掩灌增产 21.99%。

表 5-10　2000 年农五师不同灌水方式棉花产量比较表

灌水方式	面积（公顷）	单产（皮棉）（千克/亩）	总产（克）	亩均（个/亩）		铃重（克）	衣分（%）
				株	铃		
淹　灌	18 477	117.2	32 496.19	14 313	66 136	4.95	35.0
喷　灌	6 023	133.41	12 054.69	14 683	71 938	5.0	37.09
滴　灌	960.2	142.88	2 058.12	15 019	77 965	4.9	37.4

第六章

膜下滴灌技术体系

6.1 膜下滴灌技术发展与应用

膜下滴灌技术是滴灌技术与覆膜种植技术的结合，加压的水流经过滤设施滤“清”后，进入输水干管（常埋设在地下）→支管→毛管——铺设在地膜下方的滴灌管（带），再由毛管上的灌水器滴入作物的根层土壤，供作物根系吸收。

6.1.1 膜下滴灌技术的产生

新疆膜下滴灌技术大面积应用推广始于农八师，该师又称石河子垦区，地处新疆天山北麓，全国第二大沙漠——古尔班通古特沙漠的南缘。该区年降雨量 100～200 毫米，蒸发势高达 2 000～2 400 毫米，属于旱—干涸地带，没有灌溉就没有农业。该区属新疆工农业经济发达的天山北坡经济带，但水资源相对匮乏。要维持经济可持续发展、维护生态平衡，唯一的出路就是节水。由于农业用水占 95%的比例，因此，节水的主要对象就是农业。由于农八师作物的灌溉定额在兵团乃至新疆是最低的，因此，需要寻找一种更有效的节水技术，才能达到进一步节水的目的。滴灌是世界上最先进的节水技术之一，于是，就选择大田棉花进行膜下滴灌试验。

1996—1998 年，结合生产在棉花地进行初试、小试、中试 3 个阶段的膜下滴灌技术试验。

1996 年在 121 团 1.667 公顷（25 亩）弃耕的次生盐渍化地

块里进行首次膜下滴灌试验研究。结果为棉花生长期净灌溉定额2 700米^3/公顷，比地面灌节水50%以上，单产皮棉1 335千克/公顷，是盐碱地上从未有过的产量。

1997年试验扩大到相距各为100多公里、处于不同地点的三个团场的42.8公顷（642亩）棉田上进行，土地大部分是盐碱地或次生盐渍化地，土壤质地差，土壤肥力为中下等，结果是平均省水50%，平均增产20%，其中低产田增产达35%。

1998年进行中试。面积扩大到99.133公顷（1 487亩），其中13.333公顷（200亩）是蕃茄，试验内容深入到探索合理的灌溉制度、灭虫、化控、施肥、防滴灌带堵塞、与农业技术措施紧密配合、降低成本等等。试验在这些方面均取得进展，并进一步验证了前两年的成果。

经过连续3年试验，且一年迈出一大步，大田棉花膜下滴灌技术在农八师取得了成功，并以其明显的节水增效优势吸引着广大农户。

6.1.2 膜下滴灌技术的发展与应用

滴灌技术核心的部位即滴灌带，试验时使用的是可多年使用的内镶式滴灌带，质量虽好，但每公顷地需用11 100米，按1元/米计需11 100元/公顷，若采用国外的滴灌带，则每公顷投入高达30 000元以上，农户只能望“洋”兴叹。滴灌器材，尤其是滴灌带的价格较高是阻碍该技术大面积推广应用的“瓶颈”。为了降低滴灌造价，在兵团的支持下，农八师组建了天业股份有限公司（以下简称“天业”），走“引进、消化、吸收、创新”之路，潜心研究了国内外滴灌带的生产情况，于1998年下半年试制成了一次性边缝式薄壁滴灌带——“天业”牌滴灌带。该种型式的滴灌带价格仅0.2元/米，使滴灌首次每公顷投入下降为8 250元左右，农户在种植产值高的棉花时有利可图，每公顷净增收2 250元左右。因此，“天业”牌滴灌带一问世，立即受到广大农户的欢迎，为膜下滴灌技术在大田作物中推广应用打开了一条道路。

从 1998 年起，由兵团科技局、水利局等有关部门负责就课题“干旱区棉花膜下滴灌结合配套技术研究与示范”课题开展了 3 年研究工作，兵团农垦科学院、石河子大学、兵团农八师和农一师 4 个承担单位。80 多位各学科、各单位的中高级科技人员，通力协作攻关，田间观测与室内试验并举，研究与示范相结合，胜利完成试验研究任务，取得了干旱区棉花膜下滴灌配套技术成果。由中国水利学会农田水利专业委员会微灌学组专家参加主持的成果鉴定结论是：“本课题总体水平为国内领先”，“具有很好的经济、社会、生态效益，有广泛的推广应用前景。”

据统计，截至 2010 年末，新疆已建成滴灌系统面积 2 000 多万亩，应用作物主要有三类：

第一类，大田作物，主要有棉花、辣椒、加工番茄、土豆、玉米、甜菜、打瓜、小麦、水稻等；

第二类，林果类，防护林、葡萄、红枣、核桃、香梨、苹果等；

第三类，设施农业，主要栽培蔬菜、瓜果、花卉等。

大田作物滴灌主要表现出以下优点：

（1）在节水方面，较沟灌节水 40%～50%左右；

（2）肥料及农药投放减少 30%以上，减少化肥使用和病虫害防治成本；

（3）提高土地利用率 5%～7%；

（4）亩均节约劳力费 30%～50%、机耕费 20%～40%；

（5）提高了作物产量和品质，棉花亩增皮棉 20～50 千克，小麦亩增 100 千克，哈密瓜亩增 1 000 千克，加工番茄亩增2 000 千克，辣椒亩增 600 千克，打瓜亩增 50 千克。

6.2　膜下滴灌技术特点与要求

膜下滴灌是在滴灌技术和覆膜种植技术基础上，使其有机结合，扬长避短、相互补偿，形成的一种特别适用于机械化大田作物栽培的新型田间灌溉方法。其基本原理是将滴灌系统的末级管道和灌水器的复合体——滴灌带，通过改装后的播种机，在拖拉机的牵引下，布管、铺膜与播种一次复合作业完成，然后按与常规滴灌系统同样的方法将滴灌带与滴灌系统的支管相连接。灌溉时，有压水（必要时连同可溶性化肥或农药）通过滴灌带上的灌水器变成细小水滴，根据作物的需要，适时适量地向作物根系范围内供应水分和养分，是目前世界上最为先进的灌水方法之一。膜下滴灌技术具有以下特点：

1. 覆膜和滴灌两者缺一不可　膜下滴灌是覆膜栽培技术和滴灌技术的有机结合，二者相互补偿、扬长避短缺一不可。它有效地解决了常规覆膜栽培时生育期无法追施肥料而产生的早衰问题，大大减轻了常规地面灌溉地膜与地表粘连揭膜难造成的土壤污染问题；滴灌带上覆膜，大大减少湿润土体表面的蒸发，降低灌溉水的无效消耗，使滴灌灌水定额进一步降低。

2. 采用性能符合要求、价格低廉的一次性滴灌带　膜下滴灌技术的关键，必须有性能符合要求、价格低廉的滴灌带。膜下滴灌技术之所以得到快速推广，关键在于滴灌带国产化方面实现了突破，开发出了性能较好、价格低廉的一次性滴灌带。对于规模化大田农业而言，“一次性”的优势在于：价格低、堵塞几率小、避免了多年使用滴灌带的老化问题和难度极大的保管和重新铺设问题。

3. 布管、铺膜与播种一次复合作业完成，特别适用于机械化大田作物栽培　膜下滴灌技术的最大特点是：布管、铺膜与播种一次复合作业完成，特别适用于机械化大田作物栽培。膜下滴灌技术是促进农业向规模化、机械化、自动化、精准化方向发展的关键技术措施；是具有中国特色、实现我国干旱区大田作物农业现代化的必由之路。

4. 膜下滴灌具有节水、节肥、节农药、节地、省人工和机力等的优点 膜下滴灌湿润土体由地膜覆盖，作物行间保持干燥，灌水均匀，同时又没有输水损失，能把棵间蒸发、深层渗漏和地表流失降低到最低限度，因此节水。膜下滴灌可将水溶性肥料和农药随滴灌水流直接送达作物根系部位，肥料可以少施勤施，便于作物吸收，同时减少了由于淋溶，杂草生长和流失造成的肥料损失。肥料和农药的利用效率高。平均可节约肥料20%，有的达40%以上；可省农药10%以上，杀虫效果好，不易伤及害虫天敌。此外还能减轻化肥、农药对土壤、环境的污染。膜下滴灌系统由埋入地下或铺设于地表的输水管道代替原来占地的农渠及毛渠，因此，一般可省地5%～7%。

5. 膜下滴灌具有保土、保肥、增温、调温的优点 膜下滴灌可有效避免土肥流失，膜下滴灌可采用干播湿出，不用进行冬灌，播种时土壤水分含量低，地温回升快，苗期具有明显的增温作用。膜下滴灌系统采用高频灌溉，能有效地调节膜下地表温度，为作物生长创造良好的地温环境。膜下滴灌通过管网系统随水施肥、施药，无需修渠、打埂、平埂、人工浇地、中耕松土、锄草、人工或机械施肥等，大大节省了人工和机力，使棉田的人工管理定额大幅度提高；同时，灌溉时不妨碍其他任何农事活动；因此，劳动生产率得到显著提高。

6. 提高农产品品质，增加产量 膜下滴灌是一种可控性较强的局部灌溉技术，它以小流量均匀地适时适量地向作物根系补充水肥，使作物根系活动区土壤水分经常维持在适宜的含水量水平和最佳营养水平。采用膜下滴灌，农药、化肥施用量减少，土壤污染减小；土壤水分运动主要借助于毛细管作用，不破坏团粒结构，土壤的透气性、保温性良好，有利于土壤养分的活化。因此，膜下滴灌创造了有利于作物生长发育的水、肥、气、热环境，生长快，抗病能力强，污染小，同时改善了对病害的控制，病原体通过水流传播的机会很小，结果必然是产量高、品质好。

7. 有较强的抗灾能力　膜下滴灌，能使作物根系层土壤始终保持最佳的水、肥、气、热状况，实测资料表明，膜下滴灌棉花的各类生长指标均较地面灌溉的棉花为优，因此，抵御自然灾荒如冻害、低温等的能力较强。

8. 综合效益显著　膜下滴灌技术的大面积应用能大幅度地提高劳动生产率，降低生产成本，提高产品品质。同时，能带动塑料、化工、机械、电子等相关产业的发展，引发农业生产技术方面的一系列变革，使大量劳动力从农业生产中解放出来，从事其他产业，有利于产业结构调整，使职工增收、企业增效，对边疆的稳定、经济的繁荣和社会的安定都具有十分重要的现实意义。

采用膜下滴灌技术后，灌溉定额大大降低，可减少或避免灌溉对地下水的补给，抑制地下水位上升，有效防治土壤次生盐渍化。膜下滴灌能有效地利用和改良重盐碱地，减轻化肥、农药对土壤和地下水的污染。膜下滴灌技术的大面积应用，可大量减少地表水的引用量和地下水的开采量，具有涵养水源，维护生态平衡，改善生态环境的功效。可利用所节约的水种植经济林或牧草，发展林、果、草、牧业，形成复合性农业生态系统，促进农业生产的良性循环和可持续发展，具有显著的经济效益和生态效益。

6.3　膜下滴灌工程规划设计

6.3.1　灌水器的选择

1. 大田滴灌选择灌水器应考虑的因素　灌水器选择受多种

因素的制约和影响，主要凭借设计人员的经验并通过计算、分析来确定。在选择灌水器时，着重考虑以下因素。

（1）作物种类和种植形式。大田种植作物多为条（或行）播，如蔬菜、棉花、加工番茄、草莓等，要求带状湿润土壤，需要大量的毛管和灌水器，一般情况下，只有较为便宜的灌水器才能用于大田条播作物灌溉，如薄壁型滴灌带（管）等。

（2）土壤质地。水分在土壤中的入渗能力和横向扩散能力因土壤质地不同而有显著差异。如砂土，水分入渗快而横向扩散能力较弱，宜选用较大流量的灌水器，以增大水分的横向扩散范围。对于黏性土壤宜选用流量小的滴头，以免造成地表径流。总之，在选择灌水器流量时，应满足土壤的入渗能力和横向扩散能力。

（3）地形条件。任何灌水器都有其适宜的工作压力和范围。工作压力大，对地形适应性好，可用于地形起伏较大的灌溉工程，但能耗大，例如压力补偿式滴头就需要较高的工作压力，可用于荒山绿化滴灌工程；一次性薄壁滴灌带就不能承受较高的工作压力，可用于较为平坦的大田作物种植。

（4）灌水器流量与压力关系。灌水器的压力与流量之间变化关系是灌水器的一个重要特征值，直接影响灌水的质量。灌水器流量对压力变化的敏感程度表现为流态指数的大小。流量指数变化在 0～1 之间，完全补偿灌水器流态指数为 $x=0$，紊流灌水器流态指数 $x=0.5$，层流灌水器流态指数 $x=1$。流态指数值越大，灌水器流量对压力的变化越敏感。因此，尽可能选用流态指数较小的紊流型灌水器，自压灌溉时其工作压力范围还应满足水源所能提供的压力。

（5）制造精度。微灌的出水均匀度与其制造精度密切相关，在许多情况下，灌水器的制造偏差所引起的流量变化，有时超过水力学引起的流量变化。因此，应选择制造偏差系数 C_v 值小的灌水器。

（6）对水温变化的敏感性。灌水器流量对水温的敏感程度取决于两个因素：水流流态，层流型灌水器的流量随水温的变化而变化，而紊流型滴头的流量受水温的影响小；灌水器的某些零件的尺寸和性能易受水温的影响，如压力补偿滴头所用的弹性片。

（7）灌水器抗堵塞性能。灌水器抗堵塞性能主要取决于灌水器的流道尺寸和流道内水流速度。抗堵塞能力差的滴头要求高精度的过滤系统，就可能增大系统的造价。宜选用流道大、抗堵塞能力强的灌水器。

（8）价格。尽可能选择价格低廉的灌水器。

2. 选择灌水器应遵循的原则

（1）滴头类型的选择。一年生大田作物（棉花、加工番茄、玉米等）及大面积栽培的露地蔬菜、甜西瓜，应选用一次性滴灌带；

（2）滴头流量的选择。

①滴头流量选择的主要依据是土壤质地，为了降低系统投资，在可能的情况下应选择小流量滴头；

②在毛管和滴头布置方式确定的情况下，所选滴头流量必须满足湿润比的要求；

③满足灌溉制度的要求。在水量平衡的前提下，如果在规定的灌水周期内和系统日最大允许工作小时数内，不能将整个灌溉面积灌完，在不增加滴头数量的情况下，就需要重新选择更大流量的滴头。

（3）滴头性能质量的选择。

①尽可能选用紊流型滴头；

②选择制造偏差系数 C_v 值小的滴头；

③选择抗堵塞性能强的滴头；

④选择使用年限长而价格低的滴头。

6.3.2　大田滴灌系统布置

1. 毛管和灌水器的布置

（1）一般原则。

① 毛管沿作物种植方向布置。在山丘区作物一般采用等高种植，故毛管沿等高线布置。

② 毛管铺设长度往往受地形条件、田间管理、林带道路布置等因素的制约，一般而言毛管铺设长度越长管网造价越经济，最大毛管铺设长度应满足流量偏差率或设计均匀度的要求，应由水力计算确定。

③ 毛管铺设方向为平坡时，一般最经济的布置是在支管的两侧双向布置毛管。毛管入口处的压力相同，毛管长度也相同。均匀坡情况下，且坡度较小时，毛管在支管两侧双向布置，逆坡向短，顺坡向长，其长度依据毛管水力特性进行计算确定。坡度较大，逆坡向毛管铺设长度较短情况下，应采用顺坡单向布置。

④ 毛管不得穿越田间机耕作业道路。

⑤ 在作物种类和栽培模式一定情况下，灌水器布置主要取决于土壤质地情况。

⑥ 严寒地区及多风地区，对易遭受风灾和冻害的多年生果树作物，特别是土壤质地较黏重的地方，在进行灌水器布设时，应做到尽量对称布设，并采取措施使土壤湿润区下移，以引导根系均匀下扎，增强果树抗风和抗冻能力。

(2) 大田滴灌毛管和灌水器的布置。大田作物滴灌目前主要在效益较高的经济作物上采用，应用面积较大的主要作物有：棉花、加工番茄等，一般均采用膜下滴灌形式，推荐采用一次性滴灌带，播种、布管、铺膜机械化一次完成。

①棉花。棉花膜下滴灌毛管一般铺设于地膜下，铺设方向与作物种植方向一致（顺行铺设），并尽量适应作物本身农业栽培上的要求（如通风、透光等）。滴灌施水、肥于作物根系附近，作物根系有向水肥条件优越处生长的特性（向水向肥性）。滴灌系局部灌溉，棉花栽培应突破地面灌情况下的传统栽培模式，为节约毛管用量减少投资，应在可能的范围内增大行距、缩小株距，根据土壤质地和作物通风透光的要求创新栽培模式，以加大

毛管间距。

新疆生产建设兵团棉花膜下滴灌的几种毛管布置形式见图6－1至图6－3，棉花行距及毛管布设间距尺寸详见表6－1，可供设计时参考。

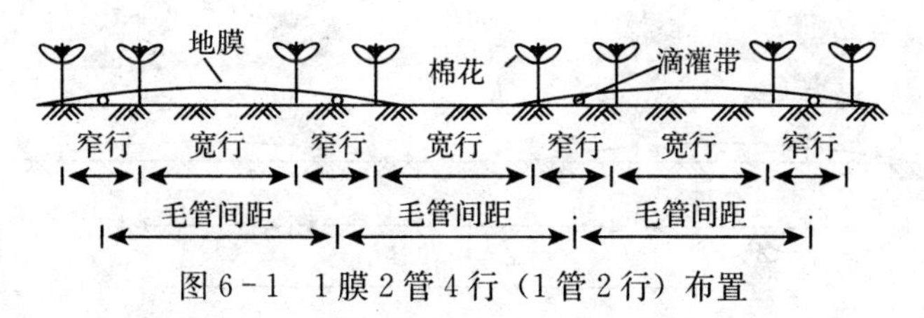

图6－1　1膜2管4行（1管2行）布置

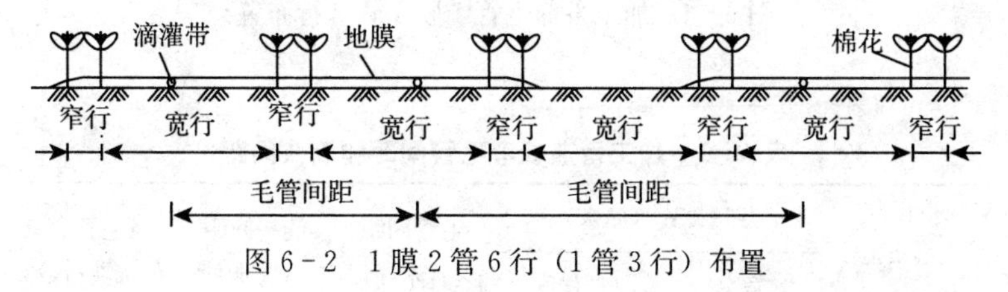

图6－2　1膜2管6行（1管3行）布置

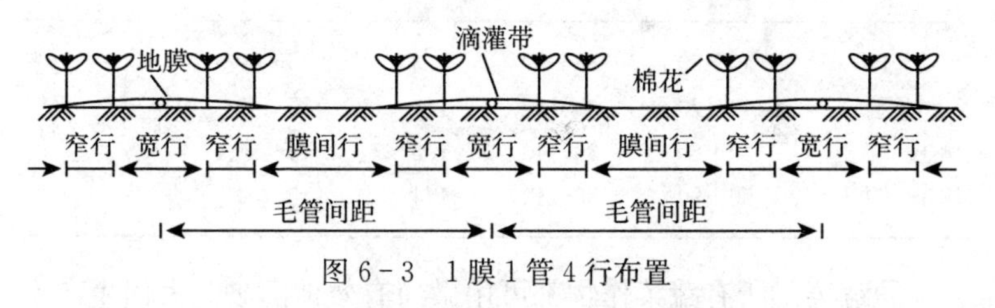

图6－3　1膜1管4行布置

表6－1　棉花参考毛管间距和滴头间距

土壤质地	棉花种植形式（厘米）		毛管间距（厘米）	滴头间距（厘米）	一条毛管灌溉的棉花行数
	宽窄行	株距			
沙土	30＋60		90	30～40	1管2行
沙土	30＋50		80	30～40	1管2行
沙土	10＋66＋10＋66	9～10	76	30～40	1管2行
壤土—黏土	20＋40＋20＋60		140	40～50	1管4行
壤土—黏土	10＋66＋10＋66		1.14	40～50	1管3行
壤土—黏土	10＋66＋10＋66		152	40～50	1管4行

②加工番茄。加工番茄膜下滴灌在新疆生产建设兵团已基本实现机械化栽培与收获，毛管及灌水器宜采用一次性滴灌带，一管两行布置（见图6-4），毛管间距和滴头间距见表6-2。

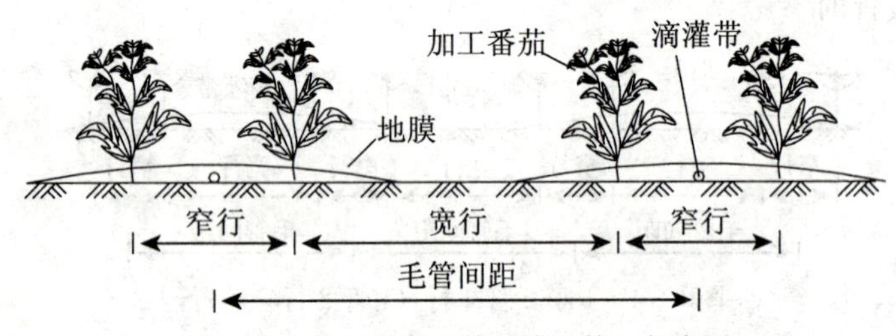

图6-4 加工番茄毛管1膜1管2行布置

表6-2 加工番茄参考毛管间距和滴头间距

土壤质地	栽培模式（厘米）		毛管间距（米）	滴头间距（厘米）	一条毛管灌溉的棉花行数
	宽窄行	株距			
沙土	40+90	35～40	1.3	35～40	1膜1管2行
沙土	40+70	35～40	1.1	35～40	
壤土—黏土	50+80	35～40	1.3	40～50	
壤土—黏土	50+90	35～40	1.4	45～50	

③蔬菜。所有蔬菜作物都可用微灌有效地灌溉。大田生产推荐采用工作可靠、价格低廉的一次性滴灌带，它解决了重复使用中的堵塞和保管等问题，铺设、管理、回收均十分方便；保护地栽培因为毛管铺设长度很短，推荐采用价格更低的专用小口径（8毫米）滴灌带或滴灌管。毛管铺设方向应与作物种植方向一致（顺行铺设），并尽量适应作物本身农业栽培上的要求（如通风、透光等）。作物根系有向水肥条件优越处生长的特性（向水向肥性），为节约毛管减少投资，应在可能的范围内增大行距、缩小株距，以加大毛管间距。一条毛管控制两行（密植类作物可

以控制一个窄畦）作物，见图 6-5 和图 6-6。蔬菜作物耗水量较大，对供水的均匀性要求较高，特别是保护地栽培，滴头间距宜采用小间距。主要蔬菜作物，包括草莓和大棚西瓜，参考毛管、滴头间距如表 6-3 所示。

表 6-3　蔬菜作物参考毛管间距和滴头间距

作物名称	品种	行距（厘米）		株距（厘米）	毛管间距（厘米）	滴头间距（厘米）	
		窄行	宽行			保护地	大田
黄瓜	长春密刺	30	70	25	100	25～30	30～40
	津春 2 号	40	80	25	120		
	津绿 4 号	30	70	25	100		
番茄	金棚 1 号	30	50	25	80	25～30	30～40
	金棚 3 号	30	50	25	80		
	毛粉 802	40	80	30	120		
	加州大粉	40	80	30	120		
辣椒	茄红甜椒	30	60	30	90	25～30	30～40
	矮树早椒	30	60	25	90		
豆角	双季豆	30	70	20	100	25～30	30～40
	丰收 1 号	30	70	20	100		
大棚西瓜	早花	40	120	25	160	25～30	30～40
草莓	丹东鸡冠	30	70	20	100	25～30	30～40

注：滴头间距视土壤质地而定，质地轻取小值，质地黏重取大值。

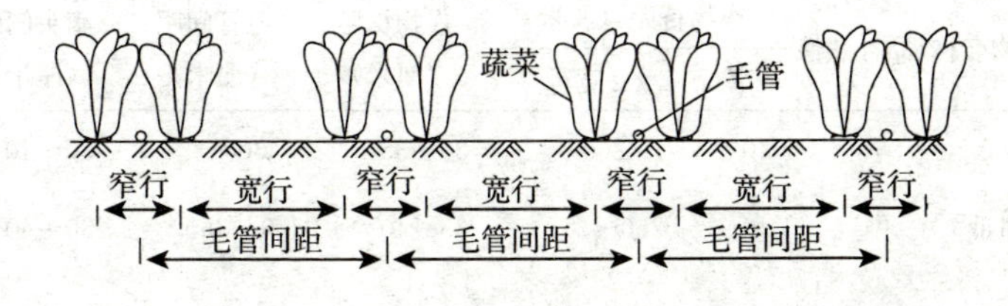

图 6-5　一般蔬菜作物毛管布置形式

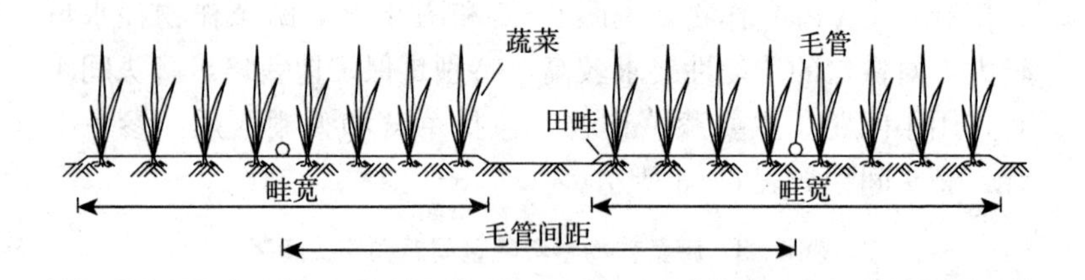

图 6-6　密植蔬菜作物毛管布置形式

④瓜类作物。甜瓜、西瓜是最适宜采用滴灌的作物，节水、省地、省工、防病、增产、提高品质的效果非常显著。一般均采用滴灌带，并配合以地膜栽培。采用宽窄行平种方式，将滴灌带铺设于窄行正中的土壤表面，上覆地膜，见图 6-7。应根据不同品种长势和栽培方法的不同正确确定毛管间距，一般情况下可按表6-4选用。

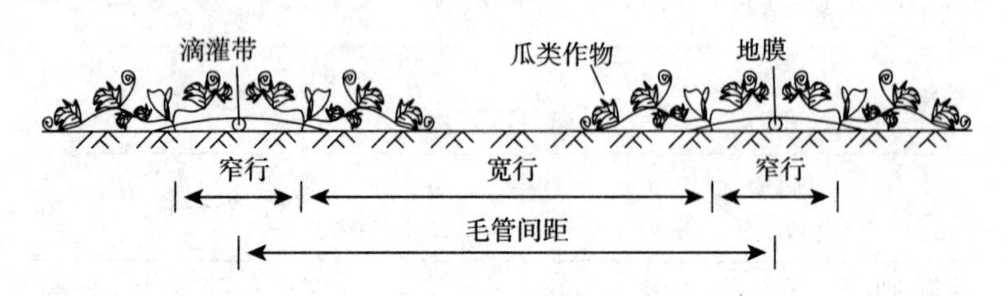

图 6-7　瓜类作物毛管布置形式

表 6-4　瓜类作物参考毛管间距和滴头间距

作物名称	品种熟性	作物行距（厘米）		作物株距（厘米）	毛管间距（厘米）	滴头间距（厘米）
		窄行	宽行			
甜瓜	早	40	260	30～35	300	30～40
	中	40	260～310	35～40	300～350	30～40
	晚	40	310～410	40～45	350～450	30～40

（续）

作物名称	品种熟性	作物行距（厘米）		作物株距（厘米）	毛管间距（厘米）	滴头间距（厘米）
		窄行	宽行			
西瓜	早	40	260～310	20～25	300～350	30～40
	中	40	310～360	25～30	350～400	30～40
	晚	40	360～410	30～35	400～450	30～40

注：①在中壤土和黏土上，窄行间距可增加到 50 厘米；②滴头间距视土壤质地而定，质地轻取小值，质地黏重取大值。

⑤行距较小的果树。葡萄、啤酒花等行距较小的果树一般均采用单行毛管直线布置形式。因这均为多年生作物，葡萄和啤酒花还有开墩埋墩问题。为避免损伤毛管需埋墩前回收，开墩后重新铺设。推荐采用性能良好、不易破损、使用年限长、回收和铺设方便的滴灌管，铺设于地表和悬挂一定高度两种布置形式，见图 6－8。毛管间距和滴头间距根据栽培模式和土壤质地而定，一般情况下可按表 6－5 选用。

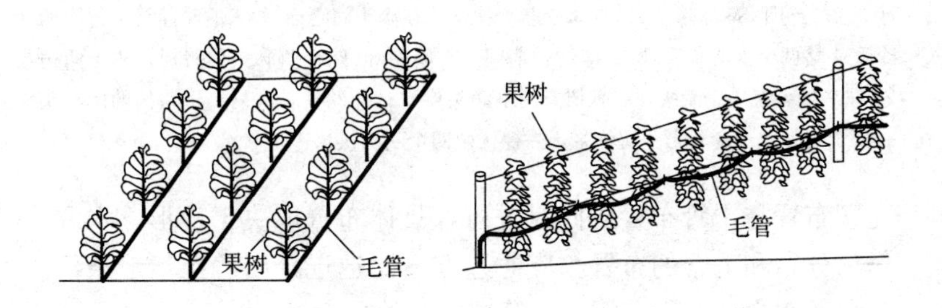

图 6－8　行距较小的果树毛管布置形式

2. 干管和支管布置　直接向毛管配水的管道为支管，向支管供水的管道统称为干管，干管和支管构成微灌系统输配水管网。

表 6-5 葡萄、啤酒花和密植果树毛管间距和滴头间距

树种		行距（米）	株距（米）	毛管间距（米）	滴头间距（厘米）	
					幼年树	成年树
葡萄	棚架	3.0～3.5	1.0	3.0～3.5	50	50
	篱壁架	2.5～3.0	1.0	2.5～3.0	50	50
啤酒花		3.0～3.5	1.0	3.0～3.5	50	50
杏、李		3.0	2.0	3.0	50×150	50
桃		2.5	2.5	2.5	50×200	50
石榴		3.0	2.0	3.0	50×150	50
无花果		4.0	2.0	4.0	50×150	50
巴旦木		4.0	2.0	4.0	50×150	50
红枣		3.0	2.0	3.0	50×150	50

注：①为了节约幼林期水的无效消耗，滴头采用变间距布置。50×150 表示变间距，滴头间距 50 厘米、150 厘米交替变换（可在滴头间距 50 厘米的滴灌管上每隔两个滴头堵两个滴头来实现）。即幼林期间，在间距 50 厘米两滴头间栽树，树干两边 25 厘米处各有一个滴头，一棵树有两个滴头供水；②幼树长大后，将堵掉的两滴头打开，可使整个树行形成湿润带，一棵树由四个滴头供水。

支管布置与干管布置应同时进行，具体布置取决于地形、水源、作物分布和毛管的布置。应通过方案比选选择出适合当地条件，工程费用少、运行费用低、管理方便的方案。

（1）支管布置的一般原则。微灌系统支管布置应遵循以下原则：

①支管一般垂直于毛管（或作物种植方向）布设，其长短主要受田块形状、大小和灌水小区的设计等因素影响，长毛管短支管的微灌系统较经济。

②支管间距取决于毛管的铺设长度，在可能的情况下应尽可能加长毛管长度，以加大支管间距。

③均匀坡双向毛管布置情况下，支管布设在能使上、下坡毛管上的最小压力水头相等的位置上，如图 6－9 所示。

④当支管控制范围内为一个灌水小区时，按系统压力均衡需要，必要时要在支管进口设置压力—流量调节器。

⑤双向布设毛管的支管，不要使毛管穿越田间机耕道路。当毛管在支管一侧布置时，支管可以平行田间道路布设。

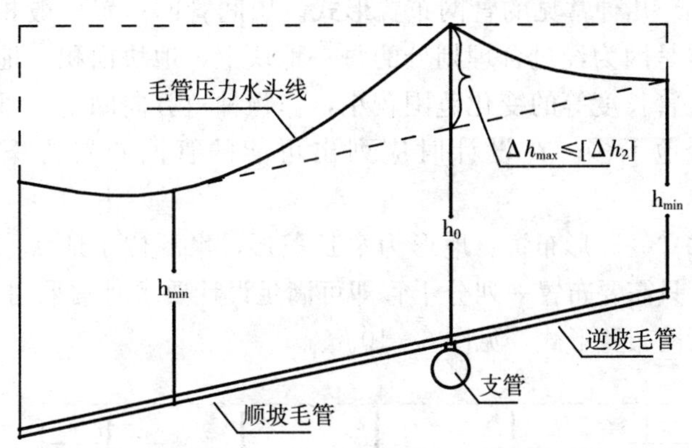

图 6－9 均匀坡双向毛管布置情况下支管布置位置

(2) 干管布置的一般原则。微灌系统干管布置应遵循以下原则：

①干管的起点由所灌溉地块的地形条件和形状及首部枢纽的位置来确定。

②地形平坦情况下，根据水源位置应尽可能采取双向分水布置形式；在有坡度的情况下尽量减少逆坡布置的管道数量。

③山丘地区，干管应沿山脊布置，或沿等高线布置。

④干管布置应尽量顺直，总长度最短，在平面和立面上尽量减少转折。

⑤干管应与道路、林带、电力线路平行布置，尽量少穿越障

碍物，不得干扰光缆、油、气等线路。

⑥在需要与可能的情况下，输水总干管可以兼顾其他用水的要求。

⑦干管应尽量布设在地基较好处，若只能布置在较差的地基上，要妥善处理。

⑧干管级数应因地制宜地确定。加压系统干管级数不宜过多，因为存在系统的经济规模问题，级数越多管网造价和运行时的能量损失越高。

（3）几种常见的管网布置形式。田间管网布置一般相对固定，这是因为经过合理划分的每一地块上，地块面积、地形地势、毛管长度等的变化范围较小，作物种植方向固定，可供选择的余地不多。在设计时应列出可能的管网布置方案进行优选。

①“一”形布置。地形为窄长条形，水源位于地块窄边的中心，只需要布置一列分干管即可满足设计要求时常采用“一”字形管网布置形式，见图 6-10。

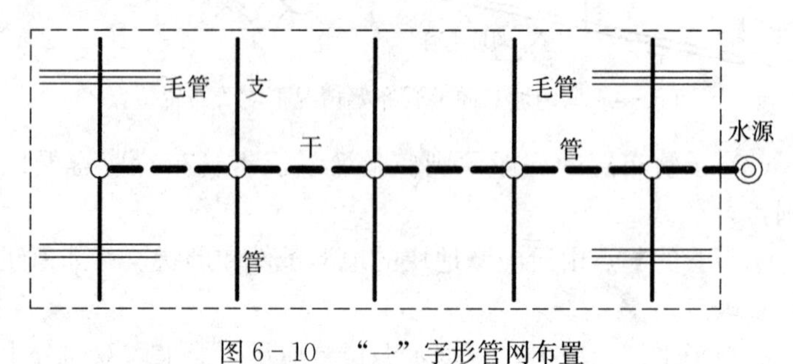

图 6-10　“一”字形管网布置

②“梳齿”形布置。水源位于地块的某一角时且根据地块宽度需布置两列及两列以上分干管时常用“梳齿”形布置，如图 6-11所示。

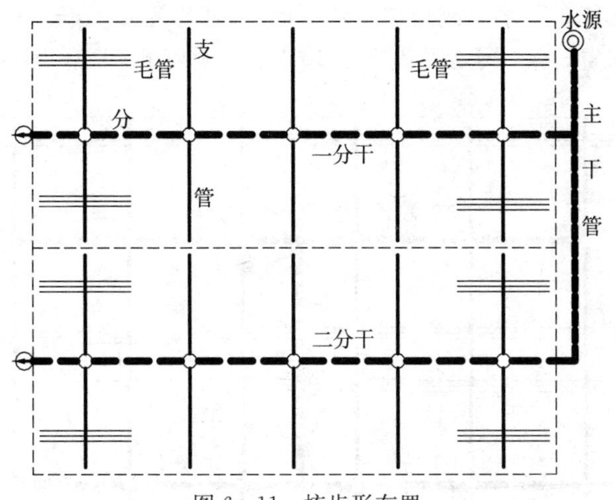

图 6-11　梳齿形布置

③“T”形布置。如图 6-12 所示，水源位于地块地边中央时常用“T”形布置形式。

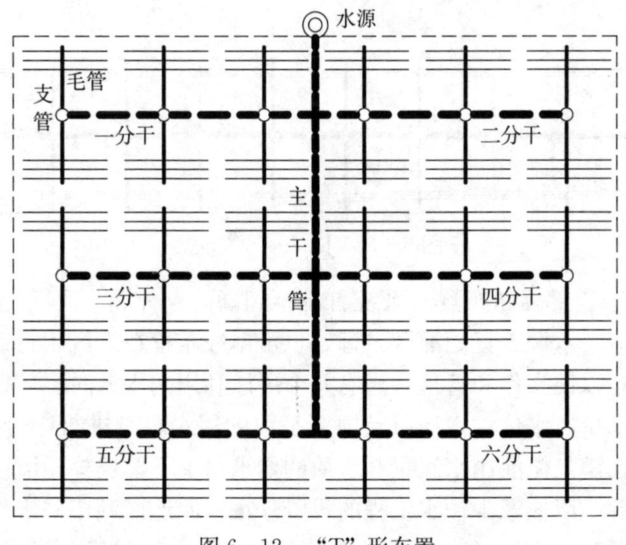

图 6-12　“T”形布置

④“工”字形或长“一”字形。“工”字形或长“一”字形管网布置，常用于水源位于田块中心，见图 6-13 和图 6-14。

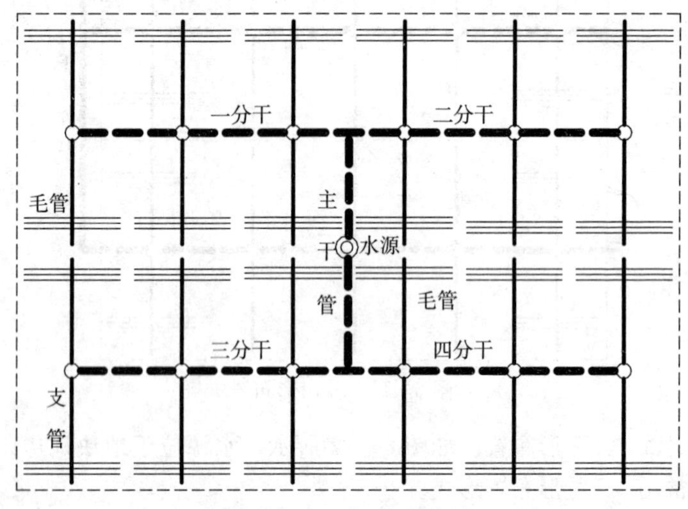

图 6-13 “工”形布置

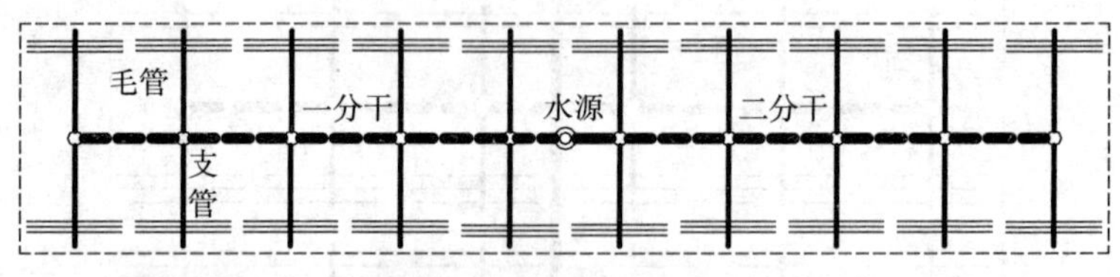

图 6-14 长“一”形布置

3. 首部枢纽布置 系统首部枢纽通常与水源工程布置在一起，但若水源工程距灌区较远，也可单独布置在灌区附近或灌区中间，以便操作和管理。当有几个可以利用的水源时，应根据水源的水量、水位、水质以及灌溉工程的用水要求进行综合考虑。通常在满足微灌用水水量和水质的要求情况下，选择距灌区最近的水源，以便减少输水工程的投资。在平原地区利用井水作为灌溉水源时，应尽可能地将井打在灌区中心，并在其上修建井房，内部安装机泵、施肥、过滤、压力流量控制及电气设备。规模较大的首部枢纽，除应按有关标准合理布设泵房、闸门以及附属建筑物外，还应布设管理人员专用的工作及生活用房和其他设施，并与周围环境相协调。

6.3.3 设计灌溉制度

设计灌溉制度是指作物全生育期（对于果树等多年生作物则为全年）中设计条件下的每一次灌水量（灌水定额）、灌水时间间隔（或灌水周期）、一次灌水延续时间、灌水次数和灌水总量（灌溉定额）的总称，它是设计灌溉工程容量的依据，也可作为灌溉管理的参考数据，但在具体灌溉管理时应依据作物生育期内土壤水分状况而定。

1. 设计灌水定额计算 灌水定额是指单位灌溉面积上的一次灌水量或灌水深度。设计灌水定额按作物需水要求和所采用的灌水方式计算，一般采用最大净灌水定额和最大毛灌水定额作为灌溉管理的依据。当水源有保证，管理措施到位，灌水量小于最大灌水定额时，可根据设计供水强度推算。

（1）最大灌水定额计算。微灌系统的作物生育期最大净灌水定额可由式（6-1）或式（6-2）计算求得：

$$m_{max}=0.001\gamma zp(\theta_{max}-\theta_{min}) \qquad 式（6-1）$$

$$m_{max}=0.001zp(\theta'_{max}-\theta'_{min}) \qquad 式（6-2）$$

式中：m_{max}——最大净灌水定额或最大净灌水深度（毫米）；

γ——土壤容重（克/厘米^3）；

z——土壤计划湿润层深度（厘米）；

p——设计土壤湿润比（%）；

θ_{max}——适宜土壤含水率上限（重量百分比）（%）；

θ_{min}——适宜土壤含水率下限（重量百分比）（%）；

θ'_{max}——适宜土壤含水率上限（体积百分比）（%）；

θ'_{min}——适宜土壤含水率下限（体积百分比）（%）。

表 6-6　不同土壤容重和水分常数

土　壤	容重 γ（克/厘米^3）	水分常数			
		重量比（%）		体积比（%）	
		凋萎系数	田间持水量	凋萎系数	田间持水量
紧砂土	1.45～1.60		16～22		26～32
砂壤土	1.36～1.54	4～6	22～30	2～3	32～42
轻壤土	1.40～1.52	4～9	22～28	2～3	30～36
中壤土	1.40～1.55	6～10	22～28	3～5	30～35
重壤土	1.38～1.54	6～13	22～28	3～4	32～42
轻黏土	1.35～1.44	15	28～32		40～45
中黏土	1.30～1.45	12～17	25～35		35～45
重黏土	1.32～1.40		30～35		40～50

考虑水量损失后，最大毛灌水定额采用式（6-3）计算：

$$m'_{max}=\frac{m_{max}}{\eta} \quad \text{式（6-3）}$$

式中：m_{max}——最大净灌水定额（毫米）；

m'_{max}——最大毛灌水定额（毫米）；

η——灌溉水利用系数。

（2）采用设计供水强度推算设计灌水定额。采用设计供水强度推算设计灌水定额时，依据式（6-4）和式（6-5）进行计算。

$$m = T \cdot I_a \quad \text{式（6-4）}$$

$$m' = \frac{m}{\eta} \quad \text{式（6-5）}$$

式中：m——设计净灌水定额（毫米）；

T——设计灌水周期（天）；

m'——设计毛灌水定额（毫米）；

I_a——设计供水强度（毫米/天）。

2. 设计灌水周期的确定　设计灌水周期是指在设计灌水定额和设计日耗水量的条件下，能满足作物需要，两次灌水之间的最长时间间隔。这只是表明系统的能力，而不能完全限定灌溉管理时所采用的灌水周期，有条件高频灌溉时可采用1天。最大灌水周期可按式（6-6）计算，设计灌水周期按式（6-7）计算，且满足式（6-8）。

$$T_{max}=\frac{m_{max}}{I_a} \qquad 式（6-6）$$

$$T=\frac{m}{I_a} \qquad 式（6-7）$$

$$T\leqslant T_{max} \qquad 式（6-8）$$

式中：T_{max}——最大灌水周期（天）；

T——设计灌水周期（d）；

其余符号意义同前。

3. 一次灌水延续时间的确定　单行毛管直线布置，灌水器间距均匀情况下，一次灌水延续时间由式（6-9）确定。对于灌水器间距非均匀安装的情况下，可取 Se 为灌水器的间距的平均值。

$$t=\frac{m'S_eS_l}{q_d} \qquad 式（6-9）$$

对于 n_s 个灌水器绕树布置时，采用式（6-10）确定。

$$t=\frac{m'S_rS_t}{n_sq_d} \qquad 式（6-10）$$

式中：t——一次灌水延续时间（小时）；

S_e——灌水器间距（米）；

S_l——毛管间距（米）；

q_d——灌水器设计流量（升/小时）；

S_r——树的行距（米）；

S_t ——树的株距（米）。

n_s ——每株植物的灌水器个数。

4. 灌水次数与灌溉定额 应用微灌技术，作物全生育期（或全年）的灌水次数比传统的地面灌溉多。根据我国使用的经验，北方果树通常一年灌水15～30次；在水源不足的山区也可能一年只灌3～5次；新疆棉花膜下滴灌灌水10～14次，加工番茄膜下滴灌灌水8～10次。灌水总量为生育期或一年内（对多年生作物）各次灌水量的总和。

6.3.4 系统工作制度

工作制度有续灌、轮灌和随机供水灌溉三种情况。随机供水灌溉适合于一个系统包含多个承包农户、种植多种作物的形式。工作制度影响着系统的工程费用。在确定工作制度时，应根据系统大小、作物种类、水源条件、管理模式和经济状况等因素做出合理的选择。

1. 续灌 全系统续灌要求系统内全部管道同时供水，对设计灌区内所有作物同时灌水，则系统流量大，增加工程投资，因而全系统续灌多用于灌溉面积小的微灌系统，如一个或几个温室大棚组成的滴灌系统，面积较小的果园，种植单一的作物时可采用续灌的工作制度。

2. 轮灌 轮灌是控制面积较大的微灌系统普遍采用的工作制度。严格意义上讲完全轮灌是不存在的，轮灌往往是以某一级管道连续供水为基础，将其下一级管道所供水灌溉的范围划分为多个灌溉区域，分组分次运行。因此，一般情况下微灌系统工作时既有轮灌，又有续灌，不能截然分开，但就系统总体运行而言，是以轮灌为主的。

（1）轮灌组划分应遵循的原则。轮灌运行时，轮灌组的划分应遵循以下原则：

①各轮灌组面积和流量一致或相近。每个轮灌组控制的面积

应尽可能相等或接近，以便水泵工作稳定，提高动力机和水泵的效率，减少能耗。对于水泵供水且首部无衡压装置的系统，每个轮灌组的总流量尽可能一致或相近，以使水泵运行稳定，提高动力机和水泵的效率，降低能耗。

②与管理体制相适应。轮灌组的划分应照顾农业生产责任制和田间管理的要求，尽可能减少农户之间的用水矛盾，并使灌水与其他农业技术措施如施肥、中耕、修剪等得到较好的配合。

③方便管理。为了便于运行操作和管理，手动控制时，通常一个轮灌组管辖的范围宜集中连片，轮灌顺序可通过协商自上而下或自下而上进行。自动控制灌溉时，宜采用插花操作的方法划分轮灌组，以最大限度地分散干管中的流量，减小管径，降低造价。

④轮灌组数目。轮灌组越多，流量越集中，各级输配水管道需要的管径越大，需要的控制阀门越多，系统管网的造价越高。而且，轮灌组过多，会造成各农户的用水矛盾，不利于系统的运行管理。

（2）轮灌组的划分。轮灌组的个数取决于灌溉面积、系统流量、所选滴头的流量、日运行最大小时数、灌水周期和一次灌水延续时间等，轮灌组最大数目可由式（6-11）计算求得，实际轮灌组数由式（6-12）计算，并满足式（6-13）。

$$N_{max}=\frac{t_d T}{t} \text{或} N_{max}=\frac{t_d T}{n_y t} \quad \text{式（6-11）}$$

$$N=\frac{n_{总} q_d}{Q} \quad \text{式（6-12）}$$

$$N \leqslant N_{max} \quad \text{式（6-13）}$$

式中：N——实际轮灌组数（个）；

$n_{总}$——系统灌水器总数（个）；

q_d——灌水器设计流量（升/小时）；

Q——系统设计流量（升/小时）；

t_d——每日供水时数（小时/天）；

n_y——一个灌溉周期内移动次数；

其余符号意义同前。

当实际轮灌组数 N 不为整数时，在满足作物灌溉的前提下，调整 q_d 或 Q 使 N 为整数。

轮灌方式不同，相应各管段流量是不同的，从而使系统管网的造价不同。在划分轮灌组时，还应结合其他各种影响因素进行综合考虑，进行方案优选。

3. 随机供水灌溉 随机供水灌溉即为只要灌溉者需要，无论什么时候都可以进行灌溉。当灌水小区很多，且各自的用水时间无法预计时，采用随机供水灌溉。例如设施农业大棚温室群，往往有几十座甚至几百座温室或大棚，各温室大棚栽种的作物种类繁多，时间也前后不一；即使同一温室或大棚，受市场的影响或作物倒茬的需要，今年和明年所种的作物可能不同；即使种同种作物也有种植早晚的不同，而同种作物的生育阶段不同，应采取随机供水灌溉的工作制度进行设计。随机供水灌溉工作制度，农户有最大的灵活性，根据各自需要灌溉，每个农户用水时间不确定，但总体上服从某一种统计规律。不可能所有农户在同一时间灌溉，因此随机供水灌溉系统的流量大小介于续灌和轮灌之间。

6.3.5 系统流量计算

1. 系统设计流量 微灌系统设计流量依据《微灌工程技术规范》按式（6－14）计算：

$$Q=\frac{n_0 q_d}{1000} \qquad \text{式（6－14）}$$

$$n_0=\frac{n_{总}}{N} \qquad \text{式（6－15）}$$

式中：Q——系统设计流量（米^3/小时）；

q_d ——灌水器设计流量（升/小时）；

n_0 ——同时工作的灌水器个数；

其余符号意义同前。

2. 毛管设计流量　毛管为多孔出流管，假定沿毛管道有 n 个灌水器或灌水器组，沿水流方向编号为 1，2，3，…，$i-1$，i，$i+1$，…，$n-1$，n，对应每个出口的流量为 q_1，q_2，q_3，…，q_{i-1}，q_i，q_{i+1}，…，q_{n-1}，q_n，见图 6-15。由于沿毛管水头损失及地形落差等因素的影响，使各灌水器工作水头不同，毛管进口流量由式（6-16）计算。为简化计算，可将滴头设计流量视为滴头平均流量依据式（6-17）计算毛管进口设计流量。

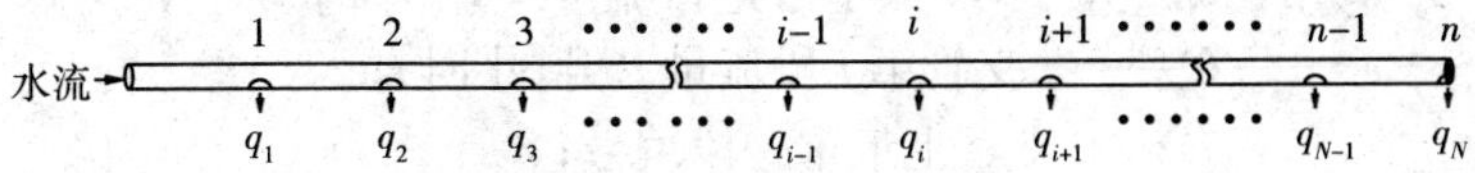

1　2　3 …… i-1　i　i+1 …… n-1　n

水流

q_1　q_2　q_3 …… q_{i-1}　q_i　q_{i+1} …… q_{N-1}　q_N

图 6-15　毛管配水示意图

$$Q_m = \sum_{i=1}^{n} q_i \qquad \text{式（6-16）}$$

$$Q_m = nq_d \qquad \text{式（6-17）}$$

式中：Q_m ——毛管进口流量（升/小时）；

n ——毛管上的灌水器数目；

q_i ——毛管上第 i 个灌水器流量（升/小时）；

其余符号同前。

3. 支管设计流量　支管可单向或双向给毛管配水，假定支管上有 P 排毛管，由进口至末端沿水流方向依次编号为 1，2，3，…，$i-1$，i，$i+1$，…，$P-1$，P，将支管分成 P 段，每段编号相应于其下端毛管的排号，如图 6-16 所示。

（1）单向配水。单向给毛管配水时［见图 6-16（a)］，任一段支管 i 的流量 Q_{Zi} 依据式（6-18）计算。

$$Q_{Zi} = \sum_{i=i}^{P} Q_{mi} \qquad \text{式（6-18）}$$

图 6-16　支管配水示意图

式中：Q_{mi} ——第 i 条毛管进口流量（升/小时）；

Q_{Zi} ——支管第 i 段流量（升/小时）；

P ——支管上最末一段编号；

i—— 支管管段编号，顺流向排序。

支管进口流量为：

$$Q_Z = Q_{Z_1} = \sum_{i=1}^{P} Q_{mi} \qquad 式（6-19）$$

同毛管一样，因为沿支管压力水头的变化，毛管进口无压力流量调节设备情况下，事实上各毛管进口的流量也是不一样的。为简化计算，将 Q_m 视为毛管进口的平均流量，则：

$$Q_Z = Q_{Z_1} = P \cdot Q_m \qquad 式（6-20）$$

（2）双向配水。大部分支管双向给毛管配水［见图 6-16（b）］，任一段支管 i 的流量为：

$$Q_{Zi} = \sum_{i=i}^{P} (Q_{mLi} + Q_{mRi}) \qquad 式（6-21）$$

式中：Q_{mLi} 、Q_{mRi} ——分别为支管上第 i 排左边毛管和右边毛管的进口流量（升/小时）。

支管进口流量为：

$$Q_Z = Q_{Z_1} = \sum_{i=1}^{P} (Q_{mLi} + Q_{mRi}) \qquad 式（6-22）$$

当 $Q_{mLi}=Q_{mRi}$ 时，将 Q_m 视为各毛管进口的平均流量，即 $Q_m=\frac{1}{P}\sum_{i=1}^{P}Q_{mLi}=\frac{1}{P}\sum_{i=1}^{P}Q_{mRi}$ 时，则：

$$Q_Z=Q_{Z_1}=2P\cdot Q_m \qquad 式（6-23）$$

式中：Q_Z ——支管进口流量（升/小时）；

其余符号意义同前。

4. 干管流量

（1）续灌时干管流量。任一干管段的流量等于该段干管以下支管流量之和。如图 6-17 所示，某微灌工程采用续灌工作制度时，干管段 DE 流量为：

$$Q_{gDE}=Q_{支9}+Q_{支10}$$

干管段 CD 流量为：

$$Q_{gCD}=Q_{支7}+Q_{支8}+Q_{干DE}=Q_{支7}+Q_{支8}+Q_{支9}+Q_{支10}$$

依此类推，干管段 OA 流量为：

$$\begin{aligned}Q_{gOA}&=Q_{支1}+Q_{支2}+Q_{干AB}\\&=Q_{支1}+Q_{支2}+Q_{支3}+\cdots+Q_{支9}+Q_{支10}\end{aligned}$$

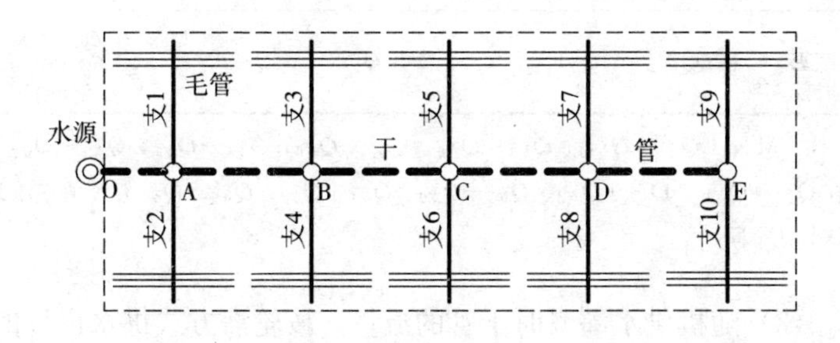

图 6-17　某微灌工程系统平面布置图

（2）轮罐时干管流量。轮灌运行时，任一干管段的流量等于各轮灌组运行时通过该管段的最大流量。若如图 6-17 所示的某微灌工程采用轮灌工作制度，假定两条支管为一个轮灌组同时工作，共五个轮灌组，干管各管段流量及设计流量采用值见表6-7。

表 6-7 轮灌运行时各干管段流量

管段 \ 流量 \ 项目	同时工作的支管编号					管段设计流量
	支1、支10	支3、支8	支5、支6	支7、支4	支9、支2	
OA	$Q_{支1}+Q_{支10}$	$Q_{支3}+Q_{支8}$	$Q_{支5}+Q_{支6}$	$Q_{支4}+Q_{支7}$	$Q_{支9}+Q_{支2}$	Max $\{Q_{支1}+Q_{支10}, Q_{支3}+Q_{支8}, Q_{支5}+Q_{支6}, Q_{支4}+Q_{支7}, Q_{支9}+Q_{支2}\}$
AB	$Q_{支10}$	$Q_{支3}+Q_{支8}$	$Q_{支5}+Q_{支6}$	$Q_{支4}+Q_{支7}$	$Q_{支9}$	Max $\{Q_{支10}, Q_{支3}+Q_{支8}, Q_{支5}+Q_{支6}, Q_{支4}+Q_{支7}, Q_{支9}\}$
BC	$Q_{支10}$	$Q_{支8}$	$Q_{支5}+Q_{支6}$	$Q_{支7}$	$Q_{支9}$	Max $\{Q_{支10}, Q_{支8}, Q_{支5}+Q_{支6}, Q_{支7}, Q_{支9}\}$
CD	$Q_{支10}$	$Q_{支8}$	0	$Q_{支7}$	$Q_{支9}$	Max $\{Q_{支10}, Q_{支8}, 0, Q_{支7}, Q_{支9}\}$
DE	$Q_{支10}$	$Q_{支8}$	0	$Q_{支7}$	$Q_{支9}$	Max $\{Q_{支10}, Q_{支8}, 0, Q_{支7}, Q_{支9}\}$

注：Max $\{Q_{支1}+Q_{支10}, Q_{支3}+Q_{支8}, Q_{支5}+Q_{支6}, Q_{支4}+Q_{支7}, Q_{支9}+Q_{支2}\}$ 表示在 $Q_{支1}+Q_{支10}$、$Q_{支3}+Q_{支8}$、$Q_{支5}+Q_{支6}$、$Q_{支4}+Q_{支7}$、$Q_{支9}+Q_{支2}$ 五个值中求最大值，其他类同。

（3）随机供水灌溉时干管的流量。按轮灌方式供水设计的干管，比较经济。但当系统中有多个用户情况下，常感使用不便。特别是在当前农业生产普遍实行联产承包责任制情况下，各用户在用水时间上常常发生矛盾。要求设计成各用户无论什么时候需要，都可进行灌溉的微灌系统。

若从干管上分水的全部支管都是具有相同的运行频率和流量时，随机供水干管流量可采用克莱门特（Clement）公式进行计算。当各支管流量不一样时，可将支管分组，建立包括面积和流量一样或接近的灌溉组合，按小组进行计算，得出小组流量，然后将各小组流量相加即为干管设计流量。

$$Q_g = xQ_r \qquad 式（6-24）$$

$$x = \frac{1}{r}\left(1 + U\sqrt{\frac{1}{n_1} - \frac{1}{n}}\right) \qquad 式（6-25）$$

$$Q_r = \frac{10^4 A \times I_a}{24 \times \eta} \qquad 式（6-26）$$

式中：Q_g ——管道流量（升/小时）；

x ——系数；

Q_r ——干旱时期连续灌溉推求的干管或系统流量（升/小时）；

A——灌溉面积（公顷）；

r ——系统运行系数，$r = t_d/24$，r 一般不小于 0.667；

U ——与系统运行保证率有关的系数（见表 6-8）；

n_1 ——干管上同时供水的支管数，$n_i = Q_r/(Q_Z \cdot r)$；

n ——干管上的支管总数；

其余符号意义同前。

表 6-8　参数 U 值

系统灌溉保证率	参数 U
系统灌溉保证率	参数
70	0.525
80	0.842
85	1.033
90	1.282
95	1.645
99	2.327
99.9	3.09

6.3.6 管道水头损失计算

管道水头损失计算是压力管网设计非常重要的内容，在系统布置完成之后，需要确定干、支管和毛管管径，均衡各控制点压力以及计算首部加压系统的扬程。在管道系统中，局部水头损失只占沿程水头损失的5%～10%以下，或管道长度大于1 000倍管径时，在水力计算中可略去局部水头损失和出口流速水头，称为长管，否则称为短管。在短管水力计算中应计算局部水头损失。

1. 管道内水流的流态 滴灌系统管道内的水流一般为压力流，由于水的黏滞性及流速的差异，使水在流动时具有不同的流态，即层流和紊流。层流时，液体质点作规则的线状运动。紊流时，液体质点相互混渗，各质点的运动轨迹没有规律，但总体上还是沿着水管向前流动。管道内层流和紊流时的流速分布规律不同，两者的水头损失和流速的关系也有差别。在层流状态下，管壁处流速等于零，管子纵轴中心方向流速最大，流速在管内水流断面的分布呈抛物线规律。在紊流状态下，只有在近壁层流速像层流状态，水流断面其他地方的流速彼此相近。一般用雷诺数判别水流的流态，经换算圆管满流时雷诺数可根据式（6-27）算出：

$$R_e = \frac{10\upsilon d}{\nu} = \frac{Q_g}{0.009\pi\nu d} \qquad \text{式（6-27）}$$

$R_e < 2\ 320$，层流；

$R_e > 2\ 320$，过度流和紊流。

式中：R_e ——雷诺数；

υ ——管道中的水流速度（米/秒）；

d ——管道内径（毫米）；

ν ——水流的运动黏滞系数，随水温而变化，见表6-9（厘米^2/秒）；

其余符号意义同前。

表 6-9　水流的运动黏滞系数 ν 值

温度（℃）	ν（10^{-6}米²/秒）	温度（℃）	ν（10^{-6}米²/秒）
0	1.79	18	1.06
2	1.67	20	1.01
4	1.57	22	0.96
6	1.47	24	0.91
8	1.39	26	0.88
10	1.31	28	0.84
12	1.24	30	0.80
14	1.18	32	0.66
16	1.12		

2. 管道沿程水头损失计算常用公式

（1）单出水口管道沿程水头损失计算。滴灌管道一般均为塑料管，内壁光滑，为光滑管。常用的沿程水头损失计算公式有：

①达西—韦斯巴赫（Dacy-Weisbach）公式。

$$h_f=\frac{fLQ_g^2}{0.156\ 9d^5}\qquad 式（6-28）$$

式中：h_f——管道沿程水头损失（米）；

f——阻力系数，随管道内水流流态的不同而不同；

L——管道长度（米）；

其余符号意义同前。

勃拉休斯（Blasius）根据大量光滑管试验数据、提出不同流态下阻力系数 λ 的经验公式如下：

$$层流\quad R_e<2\ 320\qquad f=\frac{64}{R_e}\qquad 式（6-29）$$

$$过度流和紊流\ R_e>2\ 320\qquad f=\frac{0.3164}{R_e^{0.25}}\qquad 式（6-30）$$

式中符号意义同前。

②勃拉休斯（Blasius）公式。微灌系统管道水流流态几乎均为光滑紊流。将式（6-27）代入式（6-30）再代入（6-

28)，经整理后得勃拉休斯（Blasius ）公式：

$$h_f = \frac{1.47\nu^{0.25}Q^{1.75}}{d^{4.75}}L \qquad 式（6-31）$$

式中符号意义同前。

③哈森—威廉斯（Hasen-Willians）公式。许多国家，广泛采用哈—威公式计算微灌管道的水头损失。

$$h_f = 3\,137\,\frac{L}{d^{4.871}}(\frac{Q_g}{C})^{1.852} \qquad 式（6-32）$$

式中：C——沿程摩阻系数（哈—威系数），对于光滑塑料管，$C=150$；

其余符号同前。

④《微灌工程技术规范》推荐公式。《微灌工程技术规范》GB/T***—2008 推荐公式为：

$$h_f = f\frac{Q_g^m}{d^b}L \qquad 式（6-33）$$

式中：m 、b——分别为流量指数和管径指数；

微灌用塑料管时，可查阅表 6－10 选用，其余符号意义同前。

表 6－10　微灌管道沿程水头损失计算系数、指数表

管材			f	m	b
硬塑料管			0.464	1.77	4.77
微灌用聚乙烯管	$d>8$ 毫米		0.505	1.75	4.75
	$d\leqslant 8$ 毫米	$R_e>2\,320$	0.595	1.69	4.69
		$R_e\leqslant 2\,320$	1.75	1	4

注：微灌用聚乙烯管的 f 值相应于水温 10℃，其他温度时应修正。

《微灌工程技术规范》推荐公式是根据我国微灌管道水力试验结果提出的公式，$d>8$ 毫米的微灌用聚乙烯管推荐用勃拉休斯公式，硬塑料管推荐公式与勃拉休斯公式差别很小，因此，除

d<8 毫米的管道外，建议一般微灌系统管道均采用勃拉休斯公式进行计算。

（2）多出水口管道沿程水头损失计算。多出水口管道在微灌系统中一般是指毛管和支管，分两种情况计算。

①同径、等距、等量分流时沿程水头损失计算。因为毛管和支管均属多出水口管，为简化计算，先假设所有的水流都通过管道全长，计算出该管路的水头损失，然后再乘以多口系数。目前，等距、等流量多出水口管的多口系数近似计算通用公式是克里斯琴森（Christiansen）公式：

$$F=\frac{N(\frac{1}{m+1}+\frac{1}{2N}+\frac{\sqrt{m-1}}{6N^2})-1+x}{N-1+x} \quad 式（6-34）$$

式中：F——多口系数，当 $N\leqslant100$ 时可查表 6-11 选用；

N——管道上出水口数目；

m——流量指数，层流 $m=1$，光滑紊流层流 $m=1.75$，完全紊流 $m=2$；

x——进口端至第一个出水口的距离与孔口间距之比。

张国祥用积分作近似计算的方法，推求得全等距、等出水量多出水口管的多口系数近似公式，当总孔数 $N\geqslant3$ 时为：

$$F=\frac{1}{m+1}(\frac{N+0.48}{N})^{m+1} \quad 式（6-35）$$

式中符号意义同前。

支、毛管为等距多孔管时，其沿程水头损失可按式（6-36）计算。

$$h_f'=h_f\times F \quad 式（6-36）$$

式中：h_f'——等距多孔管沿程水头损失（米）；

其余符号意义同前。

表 6-11　微灌管道沿程水头损失计算多口系数 F 值

N	$m=1.75$		N	$m=1.75$		N	$m=1.75$	
	$x=1$	$x=0.5$		$x=1$	$x=0.5$		$x=1$	$x=0.5$
2	0.650	0.533	15	0.398	0.377	28	0.382	0.370
3	0.546	0.456	16	0.395	0.376	29	0.381	0.370
4	0.498	0.426	17	0.394	0.375	30	0.380	0.370
5	0.469	0.410	18	0.392	0.374	32	0.379	0.370
6	0.451	0.401	19	0.390	0.374	34	0.378	0.369
7	0.438	0.395	20	0.389	0.373	36	0.378	0.369
8	0.428	0.390	21	0.388	0.373	40	0.376	0.368
9	0.421	0.387	22	0.387	0.372	45	0.375	0.368
10	0.415	0.384	23	0.386	0.372	50	0.374	0.367
11	0.410	0.382	24	0.385	0.372	60	0.372	0.367
12	0.406	0.380	25	0.384	0.371	70	0.371	0.366
13	0.403	0.379	26	0.383	0.371	80	0.370	0.366
14	0.400	0.378	27	0.382	0.371	100	0.369	0.365

②变径多出水口管道水头损失计算。由于多出水口管道内的流量自水流方向逐渐减小，为了节省管材，减少工程投资，通常可分段设计成几种直径，即沿水流方向逐渐减小管道直径，如图 6-18。

如果计算某段多出水口管道的水头损失时，则可将该段及其

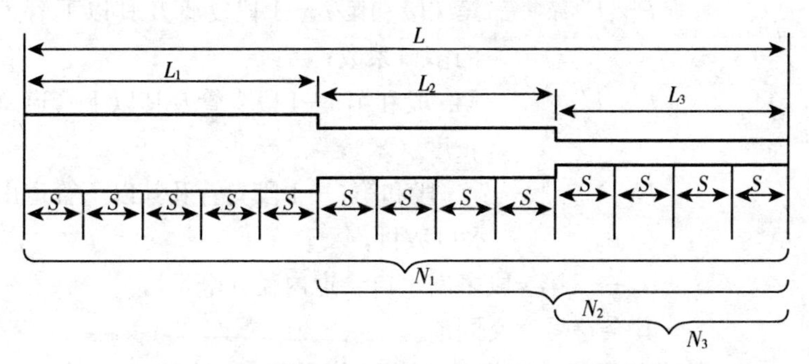

图 6-18　变径多出水口管道水力计算示意图

以下的长度看成与计算段直径相同的管道，计算多口出流管道水头损失，然后再减去与该管段直径相同、长度是其以下管道长度的多出水口管道水头损失，即：

$$\Delta H_i = \Delta H'_i - \Delta H'_{i+1} \quad \text{式（6-37）}$$

式中：ΔH_i ——第 i 段多出水口管道的水头损失（米）；

$\Delta H'_i$ ——第 i 段多出水口管道及其以下管长的水头损失（米）；

$\Delta H'_{i+1}$ ——与第 i 段直径相同的第 i 段多出水口管道以下长度的水头损失（米）。

对于最末一段支管，则按均一管径多口出流管道计算。采用勃拉休斯公式计算水头损失得：

$$\Delta H_i = 1.47\nu^{0.25} \frac{Q_i^{1.75} L'_i F'_i - Q_{i+1}^{1.75} L'_{i+1} F'_{i+1}}{d_i^{4.75}} \quad \text{式（6-38）}$$

若各出水口流量相等，每个出水口的流量为 q，则

$$\Delta H_i = 1.47\nu^{0.25} q^{1.75} \frac{N_i^{1.75} L'_i F'_i - N_{i+1}^{1.75} L'_{i+1} F'_{i+1}}{d_i^{4.75}} \quad \text{式（6-39）}$$

式中：Q_i、Q_{i+1} ——第 i 段和第 $i+1$ 段支管进口流量（升/小时）；

F'_i、F'_{i+1} ——第 i 段和第 $i+1$ 段支管及其以下管道的多口系数；

L'_i、L'_{i+1} ——第 i 段和第 $i+1$ 段支管及其以下管道总长度（米）；

N_i、N_{i+1} ——第 i 段和第 $i+1$ 段支管及其以下管道出水口数目；

d_i ——第 i 段多出水口管道内径（毫米）；

其余符号意义同前。

3. 管道的局部水头损失 管道的局部水头损失发生在水流边界条件突然变化、均匀流被破坏的流段。由于水流边界突然变形而使水流运动状态紊乱，从而引起水流内部摩擦而消耗机械能。在微灌系统中，各种连接管件：接头、旁通、三通、弯头、阀门等，以及水泵、过滤器、肥料罐等装置都产生局部水头损失。局部水头损失对微灌系统灌水均匀性的影响是比较大的，在进行微灌系统水力计算时必须给予高度重视。

管道局部水头损失可以用一个系数与流速水头乘积来计算，见式（6-40）。流速 υ 为发生局部水头损失以后（或以前）的断面平均流速，在查阅局部损失系数 ξ 时应注意流速 υ 的位置。

$$h_j = \sum \xi \frac{\upsilon^2}{2g} \qquad 式（6-40）$$

式中：h_j ——局部水头损失（米）；

g ——重力加速度（9.81 米/秒^2）；

ξ ——局部损失系数。

4. 管道水锤压力验算与防护 在满流压力管道中，水的流动速度突然变化时会引起管道内压力的急剧变化称为水锤。微灌系统运行时关闭或开启阀门时，管道内的有压水流突然停止，升高的压力先发生在阀门附近，然后沿管道在水中传播。在微灌系统设计时，应依据式（6-41）和式（6-42）对干管进行水锤压力验算。当计入水锤后的管道工作压力大于塑料管 1.5 倍允许压力或产生负压时，应采取：限制管道内流速在2.5～3米/秒、延长阀门关闭或开启时间、安装水锤消除阀等措施防护。

$$\Delta H=\frac{C\Delta v}{g}\qquad 式（6-41）$$

$$C=\frac{1\,435}{\sqrt{1+\frac{2\,100(D-e)}{E_s e}}}\qquad 式（6-42）$$

式中：ΔH——直接水锤的压力水头增加值（米）；

C——水锤波在管中的传播速度（米/秒）；

Δv——管中流速变化值，为初流速减去末流速（米/秒）；

D——管道外径（毫米）；

e——管壁厚度（毫米）；

E_s——管材的弹性模量（兆帕）；聚氯乙烯为$E_s=$ 2 500～3 000兆帕，高密度聚乙烯管为$E_s=$ 750～850兆帕，低密度聚乙烯管为$E_s=$ 180～210兆帕；

其余符号意义同前。

6.3.7　支、毛管设计

1. 支、毛管的水力特征　为便于施工安装，微灌系统设计中支、毛管一般采用等径多孔管，了解支、毛管的压力分布、最大及最小工作水头孔口位置等水力特征是进行支、毛管设计的基础。

（1）压力分布。假定沿管道有N个出口，沿水流方向孔口编号为1，2，…，i，…，N，对应每个出口的流量为$q_1,q_2,\cdots,q_i,\cdots,q_N$，各出水口相应压力为$h_1,h_2,\cdots,h_i,\cdots,h_N$，假设出流孔间距相等且$q_1=q_2=\cdots=q_i=\cdots=q_N=q_d$，则其磨损比可近似用式（6-43）表示，相应压力水头可用式（6-44）表示，由式（6-43）可以绘制出能量坡度线图，如图 6-19 所示。由于分流的影响，实际上在每个孔口有一个水头跌落，从上游孔至下游孔跌落值逐渐减小。靠近上游，管道内流量较大，压力水头损失值大，压力水头线斜率大；沿管道流量逐渐减小，各段压力水头损失也逐渐减小，压力水头线斜率减小，压力水头线趋于平缓。N 个孔平均压力 h_d 在管道中的位置随 N 值不同而不同：当 $N>100$ 时，可近似认为 h_d 在 $0.38L$ 处，相应的磨损比 $R=0.73$；当 $N\leqslant 100$ 时，h_d 在 $0.3\sim 0.4L$ 处，相应的磨损比根据 N 值大小查阅表 6-12。

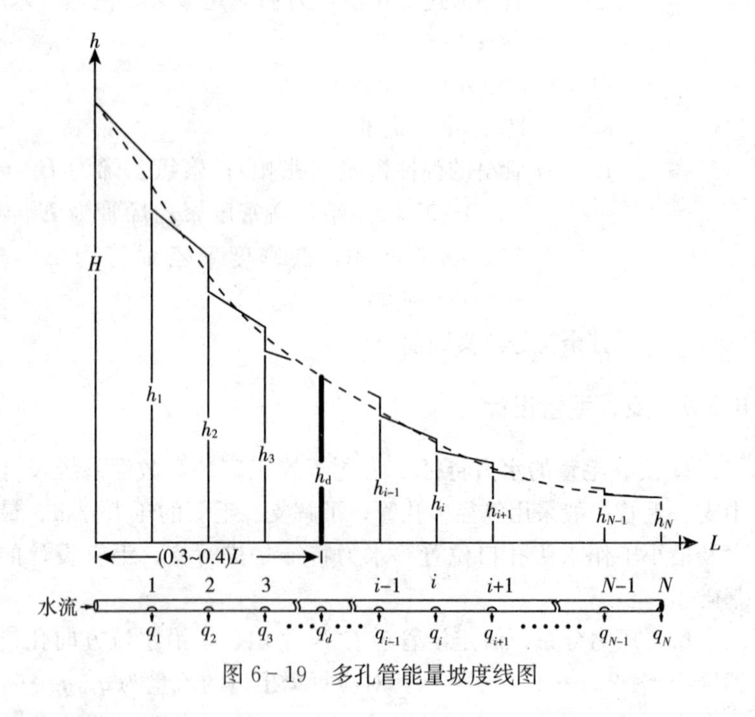

图 6-19　多孔管能量坡度线图

$$R_i = 1-\left(1-\frac{i}{N+0.487}\right)^{m+1} \qquad \text{式（6-43）}$$

$$h_i = H - R_i\Delta H \pm \Delta H'_i \qquad \text{式（6-44）}$$

式中：R_i——第 i 孔的磨损比；

i——孔口编号；

N——孔口总数；

m——计算 ΔH 时所采用公式中的流量指数；

h_i——孔口 i 断面处的压力水头（米）；

H——管道进口处的压力水头（米）；

ΔH——管道全长的摩阻损失；

$\Delta H'_i$——管道进口处与 i 断面处地形高差，顺坡为“+”，逆坡为“－”（米）。

表 6-12　平均磨损比 R

N	R	N	R	N	R	N	R
5	0.651 3	19	0.713 7	33	0.722 1	47	0.725 5
6	0.666 4	20	0.714 7	34	0.722 5	48	0.725 7
7	0.676 8	21	0.715 6	35	0.722 8	49	0.725 9
8	0.684 4	22	0.716 4	36	0.723 1	50	0.726
9	0.690 2	23	0.717 2	37	0.723 4	51	0.726 2
10	0.694 8	24	0.717 8	38	0.723 7	52	0.726 3
11	0.698 5	25	0.718 5	39	0.723 9	53	0.726 4
12	0.701 6	26	0.719 1	40	0.724 2	54	0.726 6
13	0.704 1	27	0.719 6	41	0.724 4	55	0.726 7
14	0.706 3	28	0.720 1	42	0.724 6	56	0.726 8
15	0.708 2	29	0.720 6	43	0.724 8	57	0.726 9
16	0.709 8	30	0.721	44	0.725	58	0.727
17	0.711 3	31	0.721 4	45	0.725 2	59	0.727 1
18	0.712 5	32	0.721 8	46	0.725 4	60	0.727 2

（续）

N	R	N	R	N	R	N	R
61	0.727 3	71	0.728 2	81	0.728 8	91	0.729 3
62	0.727 4	72	0.728 3	82	0.728 9	92	0.729 4
63	0.727 5	73	0.728 3	83	0.728 9	93	0.729 4
64	0.727 6	74	0.728 4	84	0.729	94	0.729 5
65	0.727 7	75	0.728 5	85	0.729 1	95	0.729 5
66	0.727 8	76	0.728 5	86	0.729 1	96	0.729 5
67	0.727 9	77	0.728 6	87	0.729 1	97	0.729 6
68	0.728	78	0.728 7	88	0.729 2	98	0.729 6
69	0.728	79	0.728 7	89	0.729 2	99	0.729 7
70	0.728 1	80	0.728 8	90	0.729 3	100	0.729 7

注：本表摘自《微灌工程技术规范》SL 103－95，表内数字 相应于 $m=1.75$。

（2）最大工作水头孔口的位置。在均匀坡条件下（地形坡度为 J，平坡 $J=0$，逆坡 $J<0$，顺坡 $J>0$），多出水口最大工作水头孔口的位置可能出现在管道沿水流方向第 1 个孔或第 N 个孔（孔编号同图 6－19），其判别条件为：

①当 $J\leqslant 0$ 时，$h_1=h_{max}$，$P_{max}=1$

②当 $J>0$ 时，有 $\dfrac{kfq_d^{1.75}(N-0.52)^{2.75}}{2.75Jd^{4.75}(N-1)}$

$$\begin{cases} >1,\ h_1>h_N,\ h_1=h_{max},\ P_{max}=1 \\ =1,\ h_1=h_N=h_{max},\ P_{max}=1\text{ 或 }N \\ <1,\ h_1<h_N,\ h_N=h_{max},\ P_{max}=N \end{cases} \qquad \text{式（6－45）}$$

式中：k——毛管水头损失扩大系数，$k=1.1\sim1.2$；

h_{max}——毛管上孔口的最大工作水头（米）；

h_1——毛管上第 1 孔压力（米）；

h_N——管道上第 N 孔压力（米）；

P_{max}——最大工作水头孔口编号；

其余符号意义同前。

(3) 最小工作水头孔口的位置。一条毛管上最小工作水头分流孔的位置可用以下方法判定。

①当降比 $\frac{Jd^{4.75}}{kfq_d^{1.75}} \leqslant 1$ 时，$P_{min}=N$。

②当 $\frac{Jd^{4.75}}{kfq_d^{1.75}} > 1$ 时，按式（6－46）计算。

$$P_{min} = N - INT\left[\left(\frac{Jd^{4.75}}{kfq_d^{1.75}}\right)^{0.571}\right] \qquad 式（6-46）$$

式中：P_{min}——最小工作水头孔口编号；

其余符号意义同前。

(4) 各孔口的最大水头偏差。一条多孔管上各孔口的最大水头偏差用下列方法计算。

①当降比 $\frac{Jd^{4.75}}{kfq_d^{1.75}} \leqslant 1$ 时，按式（6－47）计算。

$\Delta h_{max} = h_1 - h_N = \Delta H - \Delta H'$，即：

$$\Delta h_{max} = \frac{kfSq_d^{1.75}(N-0.52)^{2.75}}{2.75d^{4.75}} - JS(N-1) \qquad 式（6-47）$$

②当 $\frac{Jd^{4.75}}{kfq_d^{1.75}} > 1$ 且 $P_{max}=N$ 时，按式（6－48）计算。

$\Delta h_{max} = h_N - h_{P_{min}} = \Delta H'_{P_{min} \to N} - \Delta H_{P_{max} \to N}$，即：

$$\Delta h_{max} = JS(N-P_{min}) - \frac{kfSq_d^{1.75}(N-P_{min}+0.48)^{2.75}}{2.75d^{4.75}} \qquad 式(6-48)$$

③当 $\frac{Jd^{4.75}}{kfq_d^{1.75}} > 1$ 且 $P_{max}=1$ 时，按式(6－49)计算。

$\Delta h_{max} = h_1 - h_{P_{min}} = \Delta H_{1 \to P_{min}} - \Delta H'_{1 \to P_{min}}$，即：

$$\Delta h_{max} = \frac{kfSq_d^{1.75}\left[(N-0.52)^{2.75} - (N-P_{min}+0.48)^{2.75}\right]}{2.75d^{4.75}} - JS(P_{min}-1) \qquad 式（6-49）$$

式中：Δh_{max}——一条多孔管上各孔口最大水头偏差；

S——分流孔的间距（米）；

其余符号意义同前。

2. 支、毛管的设计标准 微灌系统往往由支管和毛管构成具有独立稳流（或稳压）装置控制的灌溉单元，即灌水小区。灌水小区是构成管网及系统运行的基本单元，灌水小区内压力与流量偏差值要满足《规范》的规定，灌水器流量的平均值，应等于灌水器设计流量。灌水小区的流量或水头偏差率应满足式（6-50）或式（6-51）。

$$q_v \leqslant [q_v] \quad \text{式（6-50）}$$

$$\text{或 } h_v \leqslant [h_v] \quad \text{式（6-51）}$$

式中：q_v——灌水小区内灌水器流量偏差率（%）；

$[q_v]$——灌水小区内灌水器设计允许流量偏差率（%），不应大于20%；

h_v——灌水小区内灌水器工作水头偏差率（%）；

$[h_v]$——灌水小区内灌水器设计允许工作水头偏差率（%）。

灌水小区内灌水器流量和水头偏差率按式（6-52）和式（6-53）计算。灌水器工作水头偏差率与流量偏差率之间的关系可由式（6-54）表达。

$$q_v = \frac{q_{max} - q_{min}}{q_d} \times 100 \quad \text{式（6-52）}$$

$$h_v = \frac{h_{max} - h_{min}}{h_d} \times 100 \quad \text{式（6-53）}$$

$$h_v = \frac{q_v}{x}\left(1 + 0.15\frac{1-x}{x}q_v\right) \quad \text{式（6-54）}$$

式中：q_{max}——灌水器最大流量（升/小时）；

q_{min}——灌水器最小流量（升/小时）；

h_{max}——灌水器最大工作水头（米）；

h_{min}——灌水器最小工作水头（米）；

h_d ——灌水器设计工作水头（米）；

x ——灌水器流态指数；

其余符号意义同前。

3. 毛管设计　根据微灌系统采用的灌水器类型的不同，毛管设计主要有两种方式：一种是采用非补偿式灌水器，但限制毛管铺设长度，使压力变化不超出允许的范围，以便达到设计灌水均匀度；另一种采用补偿式灌水器补偿压力的变化，毛管铺设长度由灌水器的工作压力范围、地形等条件进行方案比较后综合分析确定。前一种设计方式应用较为普遍，故进行重点介绍。

（1）采用非压力补偿式灌水器时毛管设计。

①毛管极限孔数 N_m 计算。

a. 毛管铺设方向为平坡。

依据式（6－55）计算：

$$N_m = INT\left[\frac{5.446\beta_2 h_v h_d^{1-1.75x} d^{4.75}}{kS_e k_d^{1.75}}\right]^{0.346} \quad \text{式（6－55）}$$

式中：N_m——毛管的极限分流孔数；

INT [] ——将括号内实数舍去小数成整数；

k——水头损失扩大系数；

β_2 ——允许水头偏差分配给毛管的比例，应通过方案比较，择优选择；初步估算时，分配给毛管的水头差可为允许水头差的50%，即 β_2 = 50 %；当微灌系统毛管入口处装有压力流量调节器时，将灌水小区允许压力差全部分配给毛管，即β_2＝100%；

k_d ——灌水器流量压力关系式 $q = k_d h^X$ 中的流量系数；

其余符号意义同前。

b. 毛管铺设方向为均匀坡。

均匀坡时，按下列步骤计算：

降比 r 为沿毛管的地形比降与毛管最下游段水力比降的比值，由式（6-56）计算。

$$r=\frac{Jd^{4.75}}{kfq_d^{1.75}} \quad \text{式（6-56）}$$

压比 G 为毛管最下游管段总水头损失与孔口设计水头损失的比值，由式（6-57）计算。

$$G=\frac{kfSq_d^{1.75}}{h_d d^{4.75}} \quad \text{式（6-57）}$$

计算极限孔数

当降比 $r\leqslant1$ 时，按式（6-58）试算：

$$\frac{[\Delta h_2]}{Gh_d}=\frac{(N_m-0.52)^{2.75}}{2.75}-r(N_m-1) \quad \text{式（6-58）}$$

降比 $r>1$，按下述方法确定极限孔数：

按式（6-59）计算 P'_n

$$P'_n=INT(1+r^{0.571}) \quad \text{式（6-59）}$$

按式（6-60）计算 Φ

$$\Phi=\frac{[\Delta h_2]}{Gh_d}\frac{1}{r(p'_n-1)-\frac{(p'_n-0.52)^{2.75}}{2.75}} \quad \text{式（6-60）}$$

根据 Φ 值，试算 N_m

当 $\Phi\geqslant1$ 时：

$$\frac{[\Delta h_2]}{Gh_d}=\frac{1}{2.75}(N_m-0.52)^{2.75}-\frac{1}{2.75}(p'_n-0.52)^{2.75}-r(N_m-p'_n) \quad \text{式（6-61）}$$

当 $\Phi<1$ 时：

$$\frac{[\Delta h_2]}{Gh_d}=r(N_m-1)-\frac{(N_m-0.52)^{2.75}}{2.75} \quad \text{式（6-62）}$$

②毛管极限长度 L_m。按式（6-63）计算毛管极限长度：

$$L_m=S(N_m-1)+S_0 \quad \text{式（6-63）}$$

③毛管实际长度及水头损失。在进行田间管网布置时，许多

情况下毛管不能按极限长度布设，而按照田块的尺寸并结合支管的布置进行适当的调整。但实际长度必须小于极限长度。然后根据毛管的实际铺设长度，并依据式（6－33）至式（6－36）计算毛管的水头损失。

（2）采用压力补偿式灌水器时毛管设计。由于压力补偿式灌水器必须在一定压力范围内才能正常工作，因此采用压力补偿式灌水器时毛管设计主要是保证其所要求的工作压力问题。在毛管设计时，结合地形、灌水器工作压力范围、毛管进口压力及轮灌组划分等因素，列出可能的不同直径毛管铺设长度设计方案，找出毛管上最小压力和最大压力值点，校核是否超出该补偿式灌水器的工作压力范围，如未超出即满足要求，并进行经济比较，选出最优方案即为设计方案。

4. 支管设计　支管也是灌水小区的主要构成部分，支管设计的任务是：计算支管的水头损失、沿支管的水头分布，确定支管管径。支管的水流条件与毛管完全相似，都是流量沿程均匀递减至零的管路，因此前述毛管的设计思想和设计方法，完全适用于支管。但支管设计是在灌水小区设计基础上进行的，基本上都是在支管长度确定情况下，计算所需的支管管径。

由于灌水小区内调压装置安装位置不同支管的允许压力差不同，因此，支管设计应按以下两种情况分别考虑：

一是采用非压力补偿式滴头且毛管入口处不安装稳流调压装置时，根据灌水小区设计分配给支管的允许压力差进行支管设计。绝大多数微灌系统属此种类型。

二是毛管入口处安装稳流调压装置时，此时支管设计只要保证每一毛管入口处的支管压力在流调器的工作范围且不小于大气出流情况下流调器的工作范围下限加毛管进口要求的水头即可。

（1）受灌水小区设计分配给支管允许压力差限制时的支管设计。

①支管管径确定及水头损失计算。灌水小区总水头偏差可由式（6－64）计算求得，支管允许水头损失按式（6－65）计算。当支管长度给定、灌水小区分配给支管的允许的压力差确定的情况下，支管管径按式（6－66）计算确定。

$$[\Delta h]=[h_v]h_d \quad 式（6-64）$$

$$[\Delta h_z]=[\Delta h]-h'_{fm} \quad 式（6-65）$$

$$d_z=\left(\frac{1.47k\nu^{0.25}Q_z^{1.75}}{[\Delta h_z]}L_z\cdot F\right)^{\frac{1}{4.75}} \quad 式（6-66）$$

式中：$[\Delta h]$ ——灌水器允许的水头偏差（米）；

$[\Delta h_z]$ ——支管允许水头损失（米）；

d_z ——所需支管内径（毫米）；

Q_z ——支管进口流量（升/小时）；

L_z ——支管长度（米）；

其余符号意义同前。支管管径确定后，根据式（6－33）至式（6－36）计算水头损失。

②支管进口设计工作水头计算。支管进口设计工作水头计算可采用平均水头法或经验系数法，经验系数法计算误差相对较小，故推荐采用经验系数法。

均匀坡等间距多出水口管灌水器最大、最小流量与设计流量之间关系可表达为式（6－67）和式（6－68）。

$$q_{max}=(1+0.65q_v)q_d \quad 式（6-67）$$

$$q_{min}=(1-0.35q_v)q_d \quad 式（6-68）$$

并由此导出：

$$h_{max}=(1+0.65q_v)^{1/x}q_d \quad 式（6-69）$$

$$h_{min}=(1-0.35q_v)^{1/x}q_d \quad 式（6-70）$$

$$q_v=\frac{\sqrt{1+0.6(1-x)h_v}-1}{0.3}\cdot\frac{x}{(1-x)},x\neq 1 \quad 式（6-71）$$

式中符号意义同前。

上述公式中的 0.65 和 0.35 便是经验系数。对于管坡为－0.05～0.05 范围内的均匀坡，它们有足够的实用精度。

灌水小区支、毛管布置如图 6－20 所示，0 为小区进口，毛管顺支管流向编号（1，2，…，n）示于右侧。灌水器顺流向编号为 1，2，…，N；$J_{支}$ 与 $J_{毛}$ 分别表示沿支管、毛管的地形坡度。

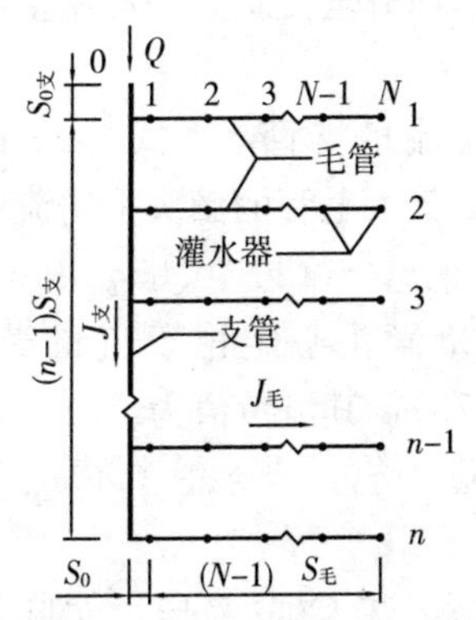

图 6－20 灌水小区支、毛管布置图

众所周知，灌水小区流量偏差率是由支管和毛管上的水头偏差形成的，因此，可将小区流量偏差率分成支管流量偏差率 q_{vZ} 和毛管流量偏差率 q_{vm}，即 $q_v = q_{vz} + q_{vm}$。此时支管上必定有流量最大和最小的出水口号（即毛管编号），按流量偏差率的定义，则有：

$$q_{vz} = \frac{Nq_{a\max} - Nq_{a\min}}{Nq_d} = \frac{q_{a\max} - q_{a\min}}{q_d} \quad \text{式（6－72）}$$

式中：$q_{a\max}$——流量最大毛管的滴头平均流量（升/小时）；

$q_{a\min}$——流量最小毛管的滴头平均流量（升/小时）；

其余符号意义同前。

由式（6－72）知，支管的流量偏差率即为灌水小区各毛管滴头平均流量的偏差率。毛管的流量偏差率 q_{vm} 仍由灌水器平均流量等于小区灌水器设计流量的毛管（平均流量毛管）的流量偏差率来表达，即该毛管上灌水器最大与最小流量之差除以该小区灌水器设计流量（即该毛管的灌水器平均流量）。

设想将各条毛管上平均流量的灌水器连成一条虚拟的多出水口出流管，其各出水口出流量分别为相应毛管的灌水器平均流量，出水口间距为毛管间距，暂称为平均流量支管，并把实际支管的水头偏差近似地作为其水头偏差。由此可以得出：灌水小区的流量偏差率可由平均流量支管与平均流量毛管的流量偏差率之和来表达。

对于虚拟的平均流量支管，由式（6－68）和式（6－72），可得灌水小区内流量最大毛管的滴头平均流量：

$$q_{a\max} = (1 + 0.65 q_{vZ}) q_d \qquad 式（6-73）$$

小区内最大流量滴头必定位于流量最大毛管上，根据式（6－68）和式（6－73），其流量值为：

$$q_{\max} = (1 + 0.65 q_{vm}) q_{a\max} = (1 + 0.65 q_{vm})(1 + 0.65 q_{vZ}) q_d \qquad 式（6-74）$$

式中：q_{vZ}——支、毛管布置后，实际采用支管的流量偏差率；

q_{vm}——支、毛管布置后，实际采用毛管的流量偏差率；

其余符号意义同前。

根据式（6－69），流量最大灌水器的工作水头 $h_{\max}$ 可由下式求出：

$$h_{\max} = (1 + 0.65 q_{vm})^{1/x} (1 + 0.65 q_{vZ})^{1/x} h_d \qquad 式（6-75）$$

式（6－74）为按经验系数法推求的灌水小区灌水器最大流量与灌水器设计流量的关系；式（6－75）为灌水小区灌水器最大工作水头与设计工作水头的关系。

求得灌水器最大工作水头之后，再根据判定的工作水头最大的灌水器位置，即可求出支管进口的水头。因为均匀坡支管和毛管的工作水头最大处不是第一个出水口就是最后一个出水口，因此，工作水头最大的滴头位置只有1号毛管1号灌水器、1号毛管N号灌水器、n号毛管1号灌水器和n号毛管N号灌水器4种可能。

如该灌水器为1号毛管上的第1号灌水器，则有：

$$h_0 = h_{max} + \frac{k_1 f S_0 (N q_{amax})^{1.75}}{d^{4.75}} - J_m S_0 + \frac{k_2 f S_{0Z} (n N q_d)^{1.75}}{D^{4.75}} - J_Z S_{0Z} \qquad 式（6-76）$$

如该灌水器为1号毛管上的第N号灌水器，则有：

$$h_0 = h_{max} + \frac{k_1 f q_{amax}^{1.75} S}{d^{4.75}} \left[\frac{(N-0.52)^{2.75}}{2.75} + N^{1.75} \frac{S_0}{S} \right] - S J_m \left(N - 1 + \frac{S_0}{S}\right) + \frac{k_2 f S_{0Z} \ (n N q_a)^{1.75}}{D^{1.75}} - J_Z S_{oz} \qquad 式（6-77）$$

如该灌水器为n号毛管上的第1号灌水器，则有：

$$h_0 = h_{max} + \frac{k_1 f S_0 (N q_{amax})^{1.75}}{d^{4.75}} - J_m S_0 + \frac{k_2 f (N q_a)^{1.75} S_Z}{D^{4.75}} \left[\frac{(n-0.52)^{2.75}}{2.75} + n^{1.75} \frac{S_{0Z}}{S_Z} \right] - S_Z J_Z \left(n - 1 + \frac{S_{0Z}}{S_Z}\right) \qquad 式（6-78）$$

如该灌水器为n号毛管上的第N号灌水器，则有：

$$h_0 = h_{max} + \frac{k_1 f q_{amax}^{1.75} S}{d^{4.75}} \left[\frac{(N-0.52)^{2.75}}{2.75} + N^{1.75} \frac{S_0}{S} \right] - S J_m \left(N - 1 + \frac{S_0}{S}\right) + \frac{k_2 f (N q_a)^{1.75} S_Z}{D^{4.75}} \left[\frac{(n-0.52)^{2.75}}{2.75} + n^{1.75} \frac{S_{0Z}}{S_Z} \right] - S_Z J_Z \left(n - 1 + \frac{S_{0Z}}{S_Z}\right) \qquad 式（6-79）$$

式中：h_0 ——使灌水小区灌水器平均流量等于灌水器设计流量应赋予支管进口的水头（米）；

h_{max}——灌水小区灌水器的最大工作水头，此时该灌水器的流量为 q_{max}（米）；

k_1、k_2 ——分别为毛管和支管的局部水头损失扩大系数；

f ——沿程摩阻系数；

S_{0Z}、S_0 ——分别为支管进口段和毛管进口段长短（米）；

J_m、J_Z ——分别为沿毛管和支管的地形坡度，顺流下坡为正；

N、n ——分别为每根毛管上的灌水器个数和支管上的出水口个数（当毛管单侧布置时为毛管根数）；

d、D ——分别为毛管内径和支管内径（毫米）；

其他符号意义同前。

（2）不受灌水小区设计分配给支管允许压力差限制时的支管设计。当毛管进口安装调压装置或流态指数为零的流调器时，调压装置或流调器上游各级管道的水头损失将不再影响系统的流量偏差，灌水小区允许水头差将全部分配给毛管，此时支管设计只要保证每一毛管入口处的支管压力在流调器的工作范围且不小于大气出流情况下流调器的工作范围下限加毛管进口要求的水头即可。为了保证系统每一毛管入口处的支管压力处于流调器工作范围，需要求出支管最小、最大压力孔号，并将下限水头置于最小压力孔号来推求支管最大压力孔号的工作水头与支管进口水头。同一轮灌组所有支管最大压力孔号的工作水头，不得大于流调器工作水头上限。

6.3.8　干管设计

干管是将灌溉水输送并分配给支管的管道，其作用是输送设计流量，并满足下一级管道工作压力需求。干管的设计基础是微灌系统的地形条件、工作压力、毛管和支管的田间布置以及干管各管段的设计流量。干管的管径一般较大，灌溉地块较大时，还可分为总干管和各级分干管。对于一个微灌系统来说，可以有若干个符合水力学要求的干管管径、管材和布置方案，并有相应的造价，干管设计的主要任务是设计并对比这些方案，进行优选。

1. 干管设计原则　干管设计应遵循以下原则：

（1）微灌系统干管一般都选用塑料管材，采用何种塑料管材综合确定。

（2）对于加压微灌系统而言，必须因地制宜地根据当地所采用的能源价格和微灌系统管网的造价进行具体分析计算确定，在满足下一级管道流量和压力的前提下按年费用最小原则进行设计。特别是在微灌系统年工作时间长的干旱地区和能源费用较高的地区，在设计思想上应树立低能耗原则，在可能的情况下尽量降低设计工作水头。

（3）对于自压微灌系统而言，在运行安全和管理方便的前提下，应尽可能地利用自然水头实现灌溉。

（4）干管沿程所有分水口的水头，应等于或高于各支管进口的水头，不大于所选用管材的公称压力；

（5）管道流速应不小于不淤流速（一般取 0.5 米/秒），不大于最大允许流速（通常限制在 2.5～3.0 米/秒）。

（6）管径必须是生产的管径规格。

2. 干管设计方法　干管布置依据地形条件、工作压力、毛管和支管的田间布置等条件，结合干管布置原则进行。管材应考虑系统设计工作压力、安装以及管件的配套情况、市场价格和运输距离等因素选用。管径确定是干管设计的主要内容，应以系统运行费与投资费用之和最小来判定，并根据承受压力确定各管段的管径。用常规的设计方法很难做到这一点。目前设计中常用两种方法，一种是通过方案比较选择；另一种是通过计算机寻优，在布置形式或运行方案已定的条件下进行优化设计。对于一般的干管，可以采用经验公式法、经济流速法或能坡线法求出初选管径，然后根据压力要求、分流条件和布置情况进行调整、对比后确定管径。

（1）经验公式法。对于规模不大的微灌系统，可采用式（6－80）或式（6－81）估算干管的管径。

当 $Q<120\ 000$（升/小时）时，

$$d=13\sqrt{\frac{Q_g}{1\ 000}} \quad \text{式（6－80）}$$

当 $Q\geqslant120\ 000$（升/小时）时，

$$d=11.5\sqrt{\frac{Q_g}{1\ 000}} \quad \text{式（6－81）}$$

式中符号意义同前。

（2）经济管径法。当动力为电力机且采用硬聚氯乙烯（PVC－U）管时，经济管径的内径计算依据式（6－82）：

$$d'=10(t_n x_n)^{0.15}\left(\frac{Q_g}{1\ 000}\right)^{0.43} \quad \text{式（6－82）}$$

由于管材价格的变化，需用式（6－83）将管径修正：

$$d=(3\ 900/Y')^{0.15}d' \quad \text{式（6－83）}$$

式中：t_n——年运行时间（小时），作物不同，灌溉制度不同，系统年运行时间不同，取值不同；

x_n——电费［元/（千瓦·小时）］；

Y'——PVC－U管现行价格（元/吨）；

其余符号意义同前。

（3）能坡线法。当干管纵剖面线、流量、进口压力和所需的工作压力（即允许损失的水头）已知时，如自压微灌系统，将勃拉休斯公式变换后，采用式（6－84）和式（6－85）计算管径。

$$i=\frac{\Delta H}{\Delta L} \qquad 式（6-84）$$

$$d=\left(\frac{1.47\nu^{0.25}Q^{1.75}}{i}\right)^{\frac{1}{4.75}} \qquad 式（6-85）$$

式中：i——为能量坡度；

ΔH——管段允许的水头损失（米）；

ΔL——管段长度（米）；

其余符合意义同前。

6.3.9　首部枢纽设计

首部枢纽对微灌系统运行的可靠性和经济性起着重要作用。首部枢纽的设计就是根据系统设计工作水头和流量、水质条件等因素，正确选择和合理配置有关设备和设施，以保证微灌系统实现设计目标。

1. 微灌系统设计水头　微灌系统设计水头，应在最不利灌溉条件下按式（6－86）计算。

$$H=Z_p-Z_b+h_0+\sum h_f+\sum h_j \qquad 式（6-86）$$

式中：H——系统设计水头（米）；

Z_p——典型灌水小区管网进口的高程（米）；

Z_b——系统水源的设计水位（米）；

$\sum h_f$——系统进口至典型灌水小区进口的管道沿程水头损失（含首部枢纽沿程水头损失）（米）；

$\sum h_j$——系统进口至典型灌水小区进口的管道局部水头损失（含首部枢纽局部水头损失）（米）；

其余符号意义同前。

2. 水泵

（1）水泵选型原则。水泵选型应遵循以下几个原则：

①在设计扬程下，流量满足微灌系统设计流量要求。

②在长期运行过程中，水泵工作的平均效率要高，而且经常在最高效率点的右侧运行为最好。

③便于运行和管理。

④选用系列化、标准化以及更新换代产品。

（2）水泵选型。选水泵时应考虑每个轮灌组的情况，但这样会使设计非常复杂，所以设计时可按微灌系统设设计水头计算水泵设计扬程，然后校核水泵在各个轮灌组工作时的工况点。

采用离心泵时：

$$H_{泵} = H + \Delta Z + f_{进} \quad 式（6-87）$$

采用潜水泵时：

$$H_{泵} = H + h_1 + h_2 \quad 式（6-88）$$

式中：$H_{泵}$——系统总扬程（米）；

H——水泵出口所需最大压力水头（米）；

ΔZ——水泵出口轴心高程与水源水位平均高程之差（米）；

$f_{进}$——进水管水头损失（米）；

h_1——井下管路水头损失（米）；

h_2——井的动水位到井口的高程差（米）；

其余符号意义同前。

根据微灌系统设计流量和系统总扬程，查阅水泵生产厂家的水泵技术参数表，选出合适的水泵及配套动力。一般水源设计水位或最低水位与水泵安装高度（泵轴）间的高度差超过 8.0 米以上时，宜选用潜水泵。反之，则可选择离心泵。当选择水泵配套动力机时，应保证水泵和动力机的功率相等或动力机的功率稍大于水泵的功率。

（3）水泵工况点的确定与校核。水泵铭牌上的流量与扬程是水泵的额定流量和扬程。在不同的管路条件下，系统需要水泵提供的流量和扬程是不同的，即工况点不同。比如某微灌系统配备流量为200米^3/小时、扬程为28米的水泵时，在系统工作时，不同的轮灌组要求水泵提供的流量和扬程均不同。因此，水泵工况点需用水泵的流量—扬程（$Q—H$）曲线与微灌系统不同轮灌组时需要扬程曲线来共同确定。

一般来说，在无调压设施与变频装置条件下，不同轮灌组水泵的工况点不同。水泵的$Q—H_{水泵}$曲线由水泵制造厂家提供，系统的需要扬程曲线，即$Q—H_{需}$曲线是在微灌管网系统与轮灌组确定的条件下求得，一个轮灌组有一条曲线，如图6-21，n个灌组有n条曲线，与水泵性能曲线$Q—H_{水泵}$有n个交点，即1，2，…，n个工况点，均在高效区即可。

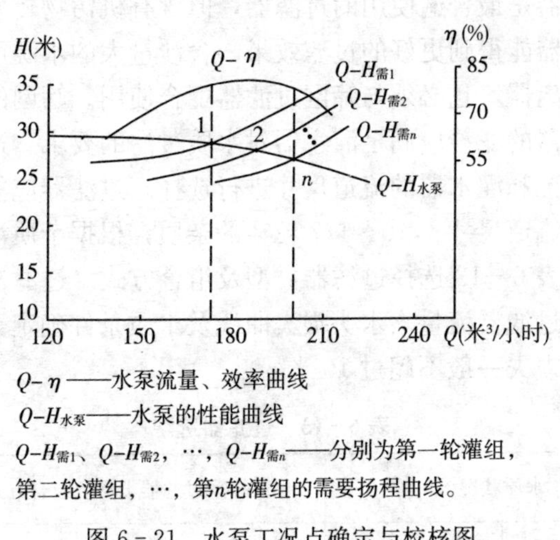

图6-21　水泵工况点确定与校核图

（4）水泵安装高程的确定。水泵的安装高程是指满足水泵不发生汽蚀的水泵基准面（对卧式离心泵是指通过水泵轴线的水平面，对于立式离心泵是指通过第一级叶轮出口中心的水平面）高程，根据与泵工况点对应的水泵允许吸上高度和水源水位来确定。水泵的允许吸上真空高度可用必需汽蚀余量（$NPSH$）r或

允许吸上真空高度 H_{sa} 计算，水泵制造厂家提供的必需汽蚀余量（$NPSH$）r 是额定转速的值，需用工作转速修正；而允许吸上真空高度 H_{sa} 是在标准状况下，以清水在额定转速下试验得出的，须进行转速、气压和温度修正得到水泵允许吸上高度，然后参照式（6-89）计算水泵安装高程。

$$\nabla_{安} = H_{允许} + \nabla_{min} \quad 式（6-89）$$

式中：$\nabla_{安}$——水泵安装基准面高程（米）；

∇_{min}——水泵取水点最低工作水位高程（米）；

$H_{允许}$——水泵允许吸水高度（米）；

可参考有关专业资料。

3. 过滤器　选择过滤设备主要考虑水质和经济两个因素。筛网过滤器是最普遍使用的过滤器，但含有机污物较多的水源使用砂过滤器能得到更好的过滤效果，含沙量大的水源可采用旋流式水砂分离器，且必须与筛网过滤器配合使用。筛网的网孔尺寸或砂过滤器的滤沙应满足灌水器对水质过滤的要求。过滤器应根据水质状况和灌水器的流道尺寸进行选择。过滤器应能过滤掉大于灌水器流道尺寸 1/10～1/7 粒径的杂质，根据杂质浓度及粒径大小，按表 6-13 选择过滤器类型及组合方式。过滤器设计水头损失根据过滤器流量—水头损失曲线及水质条件确定，组合式过滤器水头损失一般不超过 10 米。

表 6-13　过滤器选型

水质状况			过滤器类型及组合方式
无机物	含量	<10 毫克/升	宜采用筛网过滤器（叠片过滤器）或砂过滤器＋筛网过滤器（叠片过滤器）
	粒径	<80 微米	
	含量	10～100 毫克/升	宜采用旋流水砂分离器＋筛网过滤器（叠片过滤器）或旋流水砂分离器＋砂过滤器＋筛网过滤器（叠片过滤器）
	粒径	80～500 微米	

（续）

水质状况			过滤器类型及组合方式
无机物	含量	＞100 毫克/升	宜采用沉淀池＋筛网过滤器（叠片过滤器）或沉淀池＋砂过滤器＋筛网过滤器（叠片过滤器）
	粒径	＞500 微米	
有机物	＜10 毫克/升		宜采用砂过滤器＋筛网过滤器（叠片过滤器）
	＞10 毫克/升		宜采用拦污栅＋砂过滤器＋筛网过滤器（叠片过滤器）

具体选择方法、组合及沉淀池设计参照第七章相关内容。

4. 施肥设施　微灌系统一般采用随水施肥（药），可溶性肥料（或可溶性药）通过施肥设施注入管道中，随灌溉水一起施给作物。常用的施肥装置中，施肥罐结构简单、造价低、适用范围广、无需外加动力，而被广泛应用。其安装位置一般在末级过滤器之前，施肥罐进水口与出水口和主管相连，在主管上位于进水口与出水口中间设置施肥阀或闸阀，调节阀门开启度使两边形成压差，一部分水流经施肥罐后进入主管，因此通常将施肥罐称为压差式施肥罐。

施肥罐一般按容积选型，其计算可按式（6－90）进行。

$$V=\frac{M\cdot A}{C_0} \qquad \text{式（6－90）}$$

式中：V——施肥罐容积（升）；

M——单位面积上一次施肥量（千克/公顷）；

A——一次施肥面积（公顷）；

C_0——施肥罐中允许肥料溶液最大浓度（千克/升）。

5. 量测、控制和保护设施及工作位置　量测设施主要指流量、压力测量仪表，用于管道中的流量及压力测量，一般有压力表、水表等。压力表是微灌系统中不可缺少的量测仪表，特别是过滤器前后的压力表，反映着过滤器的堵塞程度及何时需要清洗过滤器。水表用来计量一段时间内管道的水流总量或灌溉水量，多用于首部枢纽中，也可用在支管进口处。微灌系统中大多选用水平螺翼式水表，当系统设计流量较小时可用 LXS 旋翼式水表。选用水表时其额定流量大于或接近设计流量为宜，不能单纯以输水管管径大小来确定水表口径，否则易造成水表水头损失过大。

控制设施一般包括各种阀门，如闸阀、球阀、蝶阀、流量与压力调节装置等，其作用是控制和调节滴灌系统的流量和压力。

保护设施用来保证系统在规定压力范围内工作，消除管路中的气阻和真空等，一般有进（排）气阀、安全阀、逆止阀、泄水阀、空气阀等。进排气阀一般设置在微灌系统管网的高处或局部高处，在首部枢纽应在过滤器顶部和下游管上各设一个。其作用为在系统开启充水时排除空气，系统关闭时向管网补气，以防止负压产生。系统运行时排除水中夹带的空气，以免形成气阻。进排气阀的选用，目前可按“四比一”法进行，即进排气阀全开直径不小于管道内径的 1/4。如 100 毫米内径的管道上应安装内径为 25 毫米的进排气阀。

另外在干、支管末端和管道最低位置宜安装排水阀，以便冲洗管道和排净管内积水。

第七章

膜下滴灌技术规程

7.1 膜下滴灌施工安装与运行管理规程

7.1.1 膜下滴灌施工安装规程

1. 工程施工

（1）一般规定。

①工程施工应在设计阶段结束及施工准备完成之后开始。

②施工应严格按照设计进行施工，修改设计应先征得设计部门同意，经协商取得一致意见后方可实施，必要时须经主管部门审批。

③施工中应注意防洪、排水、保护农田和林草植被，做好弃土处理。

④施工中应按施工安装要求随时检查施工质量，发现不符合设计要求的应坚决返工，杜绝隐患。

⑤在施工过程中应做好施工记录。施工结束后应及时绘制竣工图，编写竣工报告。

⑥对隐蔽工程必须填写《隐蔽工程记录》，出现工程事故应查明原因，及时处理，并记录处理措施，经验收合格后才能进入下道工序施工。

（2）施工前的准备。

①施工技术准备。施工前应检查工程施工的有关文件、资料是否齐全；

施工前应熟悉工程设计图纸，按图施工，发现问题应及时与设计部门协商，并提出合理的修改方案。

②施工物资准备。施工前应编制施工预算，确定各种物资需要量，制定物资进场时间计划和运输方案；

施工前应根据采用的施工方案、安排施工进度，确定施工设备、测量仪器，准备好施工工具。

施工前应组织好施工机械，确定施工机械的类型、数量和进场时间。

③劳动组织准备。施工前应根据工程性质建立施工项目的管理机构。按照工期要求，确定各类工程施工的人员配置和劳动力数量；

施工前应建立健全岗位职责，制定考核制度；

施工前应组织施工人员学习施工技术，并进行安全环保、文明施工、职业健康等方面的教育。

④施工现场准备。施工前应对施工现场进行全面的了解，制作施工总平面图，做好施工场地的控制网测量；

施工前应做好施工现场的补充勘察，制定永久建筑物和地下隐蔽物的处理方案和保护措施；

施工前应准备好生产、办公、生活和仓储等临时用房，确定砼加工场地，进行新技术、新材料的试制和试验；

施工前应安装、调试好施工机具，落实冬雨季施工的临时设施和技术措施；

施工前应建立消防、保安等组织机构，制定环境保护措施；

施工前应编制施工组织设计；

在完成以上各项施工准备后，填写开工报告，提交有关部门批准，申请开工。

（3）水源工程。机井施工应按 SL256－2000 规定执行。

引水工程、蓄水池、沉淀池施工应按 GB 50141－2008 规定执行。

水处理建筑物施工应按 GB/T 13 第 7 章 水处理中的有关规定执行。

（4）管线施工。

①施工放线。施工现场应设测量控制网，并保留到施工完毕；

施工放线应从管网进水口开始，按照干管、分干管、出地装置、支管顺序进行；

施工放线应标出砼镇墩、闸阀井、排水井具体位置。

②管沟开挖。管沟开挖应按施工放线轴线和沟底高程进行；

在入冬前能保证干管不存水的要求下，干管顶端埋深应大于60厘米，管沟底宽保持在D＋30厘米左右，管沟应平整顺直，并应按规定进行放坡，管沟纵坡应大于2‰，以便将管中余水排入排水井或排水渠；

开挖时应保证基坑边坡稳定，若不能进行下道工序，应预留10～15厘米土层不挖，待下道工序开始前再挖至设计标高；

管沟有积水时，应做排水处理。

③管道回填。在管道安装过程中，应在管段无接缝处先覆土固定；管道安装完毕后，冲洗试压、全面检查管道安装质量是否合格，有问题应及时处理；砌筑完毕应待砌体砂浆或混凝土凝固达到设计强度后再回填；回填前应清除沟内一切杂物，排净积水；回填土应干湿适宜，分层夯实与砌体接触紧密；回填应在管道两侧同时进行，严禁单侧回填；在管壁四周10厘米内的覆土不应有直径大于2.5厘米的砾石和直径大于5厘米的土块，回填应高于地面以上10厘米，并应分层轻夯或踩实。

采用机械回填时为保证管道不被损坏或移位，应先用人工回填至管道顶部15～20厘米处，再用机械回填。

④砼镇墩、闸阀井、排水井施工应按GB/T 13“第5.0.14条、第5.0.18条”中有关规定执行。

2. 安装

（1）一般规定。

①安装可与工程施工同时进行，但应注意工序之间的协调。

②安装应严格按设计图纸进行，若有变动应征得设计部门同意。

③应随时检查安装质量，发现问题及时解决，杜绝隐患。

④管道安装中应考虑温度对管材的影响因素。

（2）安装前的准备与基本要求。

①节水灌溉设备运到现场后，按照 GB/T 21031－2007 要求进行验收。

②安装前工作人员应全面了解各种设备性能，熟练掌握系统安装的方法和技术要求。

③检查管沟的沟底标高、底宽、砾石地段的回填厚度是否达到施工要求。

④检查管材、管件、胶圈、黏接剂的质量是否合格，规格型号是否与设计相符，保持待安装的设备清洁、配件齐全。

⑤检查安装、连接及检测工具是否齐备；

⑥安装工具包括：手锯、板锉、打孔器、扳手、管钳、手钳、棉纱、毛刷、润滑剂；

⑦连接工具包括：手扳葫芦、紧绳器、钢丝绳套；

⑧检查工具包括：塞尺、测试仪表、压力表。

确定与设备安装有关的土建工程已经验收合格；

⑨按设计要求，全面核对设备规格、型号、数量和质量，严禁使用不合格产品。

（3）首部枢纽设备安装。

①电机与水泵安装应按产品说明书进行安装。

②电机外壳应接地，接线方式应符合电机安装规定，并通电检查和试运行。机泵应用螺栓固定在混凝土基座或专用架上。

③以柴油机、汽油机为动力的机组，排气管应通往泵房外。

④过滤器按产品说明书所提供的安装图进行安装，并应注意按输水流向标记安装，不得反向。

⑤施肥装置应安装在末级过滤器的前面，其进、出水管与灌溉管道连接应牢固，如使用软管，应防止扭曲打折。

⑥测量仪表和保护设备在安装前应清除封口和接头的油污及杂物，按设计要求和流向标记进行安装。

（4）干管安装。

干管铺设前应进行以下检查工作：

①按设计文件要求，全面核对设备规格、型号、数量。

②对管材、管件、胶圈、黏接剂等规格、尺寸进行复查，严禁使用不合格产品。

③一般铺设过程：管材连接→部分回填→试压→全部回填。

④塑料管如采用胶圈连接，其放入管沟时，扩口应朝向来水方向。

⑤在管沟内铺设 PVC - U 管时，应铺设在未经扰动的原土上，管道安装完后，铺设管道时所用的垫块应及时拆除。

⑥在昼夜温差较大地区，应采用胶圈（柔性）连接，如采用黏接法连接，应采取措施防止因温差较大产生的应力破坏管道及接口。

施工温度要求：黏接剂黏接不得在 5℃以下施工；胶圈连接不得在－10℃以下施工。

干管安装要求：

①当 U - PVC 给水管道上的法兰直接与阀门和管道连接时，应采取柔性连接或预留量等措施，防止产生外加拉应力对管道系统的影响，口径大于 100 毫米的阀门下应设支墩。

②管道上的三通、四通、弯头、异径接头和闸阀处均不应设在冻土上，如没有条件，应采取措施保证支墩的稳定，支墩与管道之间应设塑料或橡胶垫片，以防止管道的破坏。

③支墩一般采用混凝土浇筑的重力式结构，其尺寸及形式应按管沟形状、土质及支撑强度等条件计算确定。

④管道在铺设过程中可以有适当的弯曲，可利用管材的弯曲转弯，但幅度不能过大，曲率半径不得小于管径的 300 倍，并应浇筑固定管道弧度的混凝土镇墩。

⑤当管道坡度大于1∶5时应浇筑防止管道下滑的混凝土防滑墩，防滑墩基础应浇筑在管道基础下的原状土内，并将管道锚固在防滑墩上。混凝土防滑墩宽度不应小于管外径加300毫米；长度不应小于500毫米。

⑥防滑墩与上部管道的锚固可采用管箍或浇筑在防滑墩混凝土内，管箍应固定在墩内的锚固件上，采用钢制管箍时应作相应的防腐处理。

⑦管道若在地面连接好后放入管沟时应符合以下条件：管径口径小于160毫米；柔性连接（黏接管道放入管沟必须固化后保证不移动黏接部位）；管沟浅；沟宽达不到要求，无法在沟内施工；安装直管无节点。

⑧管道在施工过程中被切断后，须将插口倒角，锉成坡口后再进行连接，切断管材时，应保证断口平整且垂直管轴线。管道安装和铺设中断时，应用零时材料封闭管口，防止杂物、动物等进入管道，导致管道堵塞或影响管道卫生。承插连接时，管材的安装轴线应对直重合，其套管与止水胶圈规格应匹配，胶圈装入套管槽内不得扭曲和卷边。插头外缘应涂匀润滑剂，不得使用对胶圈有腐蚀的物质作润滑剂，对正止水胶圈，另一端用木槌轻轻敲打或用紧绳器等将管道插至规定深度，见表7-1。

表7-1　塑料管接头最小插入长度

单位：毫米

公称外径	63	75	90	110	125	140	160	180	200	225	280	315
插入长度	64	67	70	75	78	81	86	90	94	100	112	113

⑨用塞尺顺承插口间隙插入，沿管圆周检查橡胶圈的安装是否正常。用黏合剂黏接时，黏合剂应与管材匹配，插头应先用锉刀打毛，然后用黏合剂涂匀承插口和插头，并适时承插，转动管端使黏合剂填满空隙，黏结后24小时内不得移动管道。

（5）支管安装。

①PE 支管在铺设时不宜拉的过紧，铺设后使其呈自由弯曲状态，PE 支管打孔或截断时，应该预留余量。

②当支管是薄壁支管时，要保证支管截断的端面平、齐，安装时，注意将钢卡、密封胶圈安装到位，使支管连接紧固、不漏水。

③当支管是厚壁支管时，保证支管截断处平直，厚壁支管与出地快接三通连接紧固。

④末端封闭方法：厚壁支管的末端采用堵头封闭；薄壁支管的末端封闭可直接将管折叠后扎紧即可。

厚壁支管与辅管连接处需要打孔时，打孔要求如下：应按设计要求在支管上标出孔位；用手摇钻或专用打孔器打孔；钻头直径应小于管件外径 2.5～3 毫米，钻孔不能倾斜；钻头钻入深度不应超过管径的1/2。

（6）毛管的铺设安装。对于大田膜下滴灌系统，滴灌带的铺设是与覆膜、播种同步进行，因此，要对播种机做以下改装：铺设毛管的播种机导向轮转动灵活，导向环应光滑，使毛管在铺设中不被挂伤或磨损；滴灌带铺设时应保持滴头朝上，采用单翼流道的凸面朝上；毛管连接应紧固、密封，两支管间毛管应剪断将尾端折叠后用滴灌带套好。

（7）阀门、管件安装。

①检查安装的管件配件如螺栓、止水胶垫、丝口等是否完好。

②法兰中心线应与管件轴线重合，紧固螺栓齐全，能自由穿入孔内，止水垫不得阻挡过水断面。

③安装三通、球阀等丝口件时，用生料带或塑料薄膜缠绕，确保连接牢固不漏水。

④管件及连接处不得有污物、油迹和毛刺。

⑤不得使用老化和不合规格的管件。

⑥截止阀与逆止阀应按流向标志安装，不得反向。

（8）安装暂停时应采取的保护措施。

①管件、阀门、压力表等设备应放在室内，严禁暴晒、雨淋和积水浸泡。

②存放在室外的塑料管及管件应加盖防护，正在施工安装的管道敞开端应临时封闭，以防杂物进入管道。

③安装暂停时应切断施工电源，妥善保管安装工具。

3. 管道冲洗和试运行 滴灌工程管道系统现场水压试验应当按有关规定进行。

（1）管道冲洗。

①管道冲洗应由上至下逐级进行，支管和毛管应按轮灌组冲洗，冲洗过程中应随时检查管道情况，并作好冲洗记录。

②应先打开枢纽总控制阀和待冲洗的阀门，关闭其他阀门，启动水泵对干管进行冲洗，直到干管末端出水清洁。

③关闭干管末端阀门，进行支管冲洗，直到支管末端出水清洁。最后关闭支管末端阀门冲洗毛管，直到毛管末端出水清洁为止。

（2）系统试运行。

①系统试运行应按设计要求，分轮灌组进行。

②初检合格后，关闭管道所有开口部分的阀门，利用控制阀门逐段试压，水压力不应小于管道设计压力的1.25倍，并保持稳定10分钟。

③试压后对管道、接头、管件等渗水、漏水处进行处理，如漏水严重须重新安装，待装好后再试压。

④要连续运行1小时，全系统运转正常，指标达到设计规定值后，才能进行管道回填。

（3）管道允许最大渗漏水量。毛管接头处的渗漏量以不超过1.1～1.2倍的毛管滴头流量为准；干管、支管接头处的渗漏量以不超过该管道输水量的1/1 000为标准。

7.1.2　大田膜下滴灌系统运行管理规程

1. 组织管理机构设置

（1）应根据滴灌工程规模的大小和类别，建立相应管理组织机构。

（2）滴灌工程实行统一领导、分层次管理，一般可建立三级机构：领导机构、执行部门、操作单位。

领导机构：全面负责本灌区的滴灌管理工作。

执行部门：以水管部门为主，负责滴灌系统运行服务、管理，具体负责工作协调、技术培训、灌溉服务，制定灌水计划等工作。

实施单位：以单个首部系统为基本单位，配备专职泵房管理员，负责滴灌系统的运行操作，执行灌水、作业计划。负责滴灌设施的管护工作。

2. 工程管理

（1）沉淀池四周必须设置拦护装置和警示标志。

（2）开启水泵前认真检查沉淀池中各级过滤筛网是否有堵塞、破损现象，如有应及时处理更换。

（3）水泵泵头宜用30～60目筛笼罩住，筛笼直径不小于泵头直径2倍。

（4）系统运行前应先清除池中脏物，保证沉淀效果。

（5）系统运行时，对于积在过滤筛网前的漂浮物、杂物，应及时捞除，以免影响筛网过水能力。

3. 设备管理

（1）水泵及配电柜。

①启动前准备。试验电机转向是否正确。检查各部位是否正常。

②操作程序及要求。按设备使用说明书要求严格执行。非经专业人员及设备管理人员指导和许可，严禁他人操作设备。

③维护要求。按照设备维护保养手册执行。

(2) 过滤器。必须保证在实际运行中，过滤器的最大实际过流量小于设计流量，严禁超流量运行，防止超流量使用影响过滤效果。

①砂石过滤器使用注意事项。应密切注意进出水口压力表读数的变化，当压差超过额定值 0.03～0.05 兆帕时，应对过滤器进行反冲洗，反冲洗方法：

在系统工作时，可关闭一组过滤器进水中的一个蝶阀，同时打开相应排水蝶阀排污口，使由另一只过滤器过滤后的水由过滤器下体向上流入介质层进行反冲洗，泥沙、污物可顺排砂口排出，直到排出水为净水无混浊物为止，每次可对一组两罐进行反冲洗；

反冲洗的时间和次数依当地水源情况而定；

反冲洗完毕后，应先关闭排污口，缓慢打开蝶阀使砂床稳定压实；

稍后对另一个过滤器进行反冲洗；

对于悬浮在介质表面的污染层，可待灌水完毕后清除，过污的介质，应用干净的介质代替，视水质情况应对介质每年 1～4 次进行彻底清洗；

当过滤器内存在有机物和藻类，可能会将砂粒堵塞，应按一定的比例加入氯或酸，把过滤器浸泡 24 小时，然后反冲洗直到放出清水。

过滤器使用到一定时间，当砂粒损失过大或粒度减小或过碎石，应更换或添加过滤介质。

②网式过滤器使用注意事项。当进出口压力差超过原压差 0.02 兆帕时，应对网芯进行清洗。冲洗方法：先将网芯抽出清洗，两端保护密封圈用清水冲洗，也可用软毛刷刷净，不可用硬物；当网芯内外都清干净后，再将过滤器金属壳内的污物用清水冲净，由排污口排出；按要求装配好，重新装入过滤器；在对网式过滤器的网芯保养、保存、运输时，应小心，防止碰破网芯；严禁使用破损筛网，一旦破损应立即更换。

（3）旋流水砂分离器使用注意事项。工作时应经常检查集砂罐，及时排砂，防止罐中砂量太多，致使过滤器不能正常工作；滴灌系统不工作时，水泵停机，清洗集砂罐；进入冬季，为防止整个系统冻裂，要打开所有阀门，把水排干净。

（4）过滤站运行程序及注意事项。水泵开启前认真检查过滤器各部位是否正常，抽出网式过滤器网芯检查，有无砂粒和破损；开启前各个阀门都应处于关闭状态，确认无误后再启动水泵。过滤站运行操作程序：打开通向各个砂石罐进水的阀门；缓慢开启泵与砂石过滤器之间的控制阀，使阀门开启到一定位置，不要完全打开，以保证砂床稳定，提高过滤精度；缓慢开启砂石过滤器后边的控制阀门与前一阀门处于同一开启程度，使砂床稳定压实，检查过滤站两压力表之间的压差是否正常，确认无误后，开启管道进口闸阀将流量控制在设计流量的60％～80％，待一切正常后方可按设计流量运行；过滤站在运行中，应对其仪表进行认真检查，并对运行情况做好记录；过滤站在运行中，出现意外事故，应立即关泵检查，对异常声响应检查原因再工作；过滤站工作完毕后，应缓慢关闭砂石过滤器后边的控制阀门，再关水泵以保持砂床的稳定，也可在灌溉完毕后进行反复的反冲洗，每组中的两罐交替进行，直到过滤器冲洗干净，以备下次再用。如过滤介质需要更换或部分更换也应在此时进行，砂石过滤器冲洗干净后在不冻情况下应充满干净水；当过滤站两端压力差超过额定值0.02兆帕时，应抽出网芯清洗污物后，封好封盖；但封盖不可压得过紧，以延长橡胶使用寿命；停灌后，应将过滤站所有设备打扫干净，进行保养；冬季应将过滤器中的水放净。

过滤站注意事项：过滤站应按设计水处理能力运行，以保证过滤站的使用性能；应有熟知操作规程的人负责过滤站的操作，以保证过滤站设备的正常运行；在露天安装的过滤站，在冬季不工作时应排掉站内的所有积水，以防止设备冻裂，压力表等仪表装置应卸掉妥善保管；受条件限制，不能冲洗过滤介质的，先将介质装入过滤器，使用前应关闭后边的阀门，对介质进行反冲洗，每组两罐交替进行，每次反冲洗最多清洗两罐，以无混浊水排出为准；每次工作前要对过滤器进行清洗；实际运行流量应不得大于过滤站中各过滤器的设计流量，不得超压、超流量运行。

（5）施肥罐操作程序与注意事项。

①施肥罐操作程序。打开施肥罐，将所需滴施的肥（药）倒入施肥罐中；打开进水球阀，进水至罐容量的1/2后停止进水，并将施肥罐上盖拧紧；滴施肥（药）时，先开施肥罐出水球阀，再打开其进水球阀，稍后缓慢关闭两球阀间的闸阀，使其前后压力表差比原压力差增加约0.05兆帕，通过增加的压力差将罐中肥料带入系统管网之中；滴肥（药）约20～40分钟左右即可完毕，具体情况根据经验以及罐体容积大小和肥（药）量的多少判定；滴施完一轮罐组后，将两侧球阀关闭，先关进水阀后关出水阀，将罐底球阀打开，把水放尽，再进行下一轮灌组施滴。

②注意事项。罐体内肥料应充分溶解，否则影响滴施效果，堵塞罐体；滴施肥（药）应在每个轮灌小区滴水1/3时间后才可滴施，并且在滴水结束前半小时应停止施肥（药）；轮灌组更换前应有半小时的管网冲洗时间，即进行半小时滴净水冲洗，避免肥料在管内沉积；施肥罐中注入的固体颗粒不得超过施肥罐容积的2/3；每次施肥完毕后，应对过滤器进行冲洗。

4. 管网运行

（1）操作程序。检查水泵，闸阀是否正常，各级过滤器是否合乎要求。

根据轮灌方案，打开相应分干管闸阀及相应支管的球阀和对应灌水小区的球阀，当一个轮灌小区灌溉结束后，先开启下一个轮灌组，再关闭当前轮灌组，先开后关，严禁先关后开。

检查支管和毛管运行情况。如有漏水先开启邻近一个控制阀，再关闭对应控制阀处理。

系统应严格按照设计压力要求运行，以保证系统运行正常。

（2）注意事项。系统运行过程中，应认真作好记录。

定期对管网进行巡视，检查管网完好情况，如有漏水应立即处理。

系统运行时，应经常检查压力表读数，保证系统在正常压力范围内运行。

每年在系统第一次运行时，应认真做好调试工作。当系统种植作物发生变化或毛管铺设间距、毛管流量变化时，应重新拟定轮灌编组，保证灌溉质量。

7.2　主要作物膜下滴灌技术规程

7.2.1　棉花膜下滴灌栽培技术规程

1. 棉花膜下滴灌系统田间布置模式　根据滴灌灌水器的要求，针对不同灌溉水源、棉花、地形等条件，组合成了滴灌系统的几种不同的管网田间结构模式。主要有：支管＋辅管＋毛管、支管＋毛管和双支管＋毛管三种方式。

滴灌带毛管田间布置形式主要有5种：大三膜“一膜两管四行”、小三膜“一膜一管四行”、机采棉“一膜两管四行”、机采棉“一膜一管四行”和机采棉“一膜两管六行”等。

2. 播种技术

（1）播种期。种子萌发的临界温度为10.5～12℃，一般来说地温稳定通过12℃与气温稳定通过10℃的日期相近，利用地膜栽培后，地膜下5厘米地温又较露地提高3～4.5℃。通常新疆棉区4月份气温回升较慢，且不稳定，常有1～2次持续时间较长的低温天气，终霜偏晚。因此，棉花播种期应以5厘米地温稳定在12℃以上，或气温稳定在10℃以上，棉花出苗后能够躲过终霜为适宜播种期。南疆棉区适宜播期为4月5日至15日，北疆棉区为4月10日至20日。

目标：实现4月苗、5月蕾、6月花、7月桃、8月絮要求。

（2）播种量。一般条播要求每米内有棉籽30～50粒，每亩用精选种籽4～5千克；点播每穴3～5粒，每亩用种3～4千克。而目前新疆大部分膜下滴灌棉田采用精量膜上点播的机械采棉模式，每穴1～2粒，每亩用种量仅1～2千克，可提高播种效率，且节省大量棉籽和间、定苗用工。

（3）播种方法。播种机铺滴灌带、铺膜、播种、覆土、镇压一次完成，膜下点播空穴率不超过2%，膜孔不错位，播种深度为2～3厘米，穴上覆土厚度1厘米，覆土要细碎均匀，不能有土块和错位，膜边封土严密，一膜应有五个采光面，此外还要求播行端直，接行准确，地头地边不留空白点。

注意：播种机的穴播器安装好后要经常检查，若播不同品种，应及时清理穴播器，滴灌带不错位，不得铺反，不得损伤滴灌带。

（4）播后管理。对墒情差棉田，应及时采取滴水辅助出苗；播种完毕后即可开始中耕，苗期中耕2～3次，深10厘米左右；定苗从1真叶开始至3真叶结束 。

3. 滴水技术

（1）出苗水。棉花播种采取干播湿出，在播种后根据土壤墒情适量滴水，一般次滴水15～20米^3/亩。

（2）苗期水。5月份棉花出苗到现蕾期，根据墒情及苗情，可滴水1～2次，间隔10～15天，次滴水量15～20米^3/亩。

（3）蕾期水。6月份棉花现蕾至开花期，可滴水2～3次，间隔10～15天，次滴水量15～20米^3/亩。

（4）花铃期水。7月上旬至8月上旬花铃期，是一年内气温最高的时段，是棉花产量形成重要期，也是棉花的关键需水需肥期，应滴水次数5～6次，间隔6～8天，次滴水量应在20～25米^3/亩之间。

（5）吐絮期水。8月中旬至9月上旬棉花接近吐絮或正在吐絮，虽对水分不太敏感，但仍要保证土壤水分含量，滴水次数

2～3次，间隔 8～10 天，每次滴水量应在 15～20 米^3/亩之间，保证棉花正常吐絮。8 月底至 9 月上旬根据土壤墒情、天气条件及棉花吐絮状况决定停水时间。

根据以上棉花在各生育阶段所需的灌溉水量计算，棉花全生育期需滴水 220～240 米^3/亩，总灌水次数为 10～13 次。

4. 施肥技术

（1）棉花施肥原则。由于在新疆土壤中富含钾元素，因此棉花需肥的 N∶P∶K 比例一般为 1∶0.35～0.40∶0.15～0.20，在棉花皮棉亩产 150 千克左右时，一般施标肥在 120 千克左右，当棉花产量达到 200 千克以上时，标肥相应提高到 130～150 千克。

基肥施入：壤土氮肥 30%、磷肥 70%、钾肥 30%，沙质土基肥不施氮肥、钾肥，磷肥施入 50%，同时若有条件每亩还可施入油渣 100 千克或 1 吨优质有机肥。

在棉花蕾期开始施肥，在棉花的吐絮前结束施肥，各生育期滴施量按“两头轻，中间重”。一般苗期 5%左右，现蕾至开花 25%～30%，开花至吐絮为 60%～65%，吐絮至成熟为 5%左右控制。

（2）施肥实例参考。

①以下为没有条件测土的中上肥力棉田，亩产皮棉 150～200 千克推荐施肥方案：

亩施基肥：优质厩肥 3 000～4 000 千克，或优质羊粪 1 000～2 000千克，油渣 100 千克，锌肥 1.5～2.0 千克，硼肥 0.5 千克左右亩施化肥：纯氮 14～18 千克，氮∶磷∶钾＝1∶0.3～0.4∶0.1～0.15。

化肥全部滴施：

出苗—现蕾　　亩滴施化肥总量的 3%～5%

现蕾—开花　　亩滴施化肥总量的 20%～25%

开花—吐絮　　亩滴施化肥总量的 65%～70%

吐絮—成熟　　亩滴施化肥总量的3%～5%

氮肥的30%和全部磷钾肥作基肥：

现蕾—开花　　亩滴施氮肥总量的10%

开花—吐絮　　亩滴施氮肥总量的55%

吐絮—成熟　　亩滴施氮肥总量的5%

氮肥的30%、磷肥80%、钾肥70%作基肥（砂性土）：氮肥滴施与“(2)”相同，磷钾肥可在花铃期分2～3次滴施，棉花生育期滴肥坚持前轻、中重、后补的原则，叶面肥施用上，苗期和蕾期一般不喷施，重点放在盛花结铃期（7月中旬至8月初），N、P结合，喷2～3次，微肥施用现蕾期喷硫酸锌、硼酸或硼砂各50克/亩，兑水30千克/亩，花铃期喷硫酸锌、硼酸或硼砂各80克/亩，兑水40千克/亩。

②以下为亩产皮棉160～220千克高产栽培典型施肥方案：

基肥：犁地前深翻施农肥2 000千克或饼肥100千克/亩，同时基施磷酸二铵20千克＋尿素15千克或施棉花专用肥40千克。

蕾期肥：现蕾开始棉花进入营养生长的旺盛期，需要补充肥料，一般在6月中旬开始随水滴肥，施肥量可采用尿素10千克＋磷酸二氢钾5千克滴施或施滴灌专用肥8千克，分两次施入。

花铃肥：棉花开花后进入需肥关键期，从7月上旬至8月上旬，分5次将尿素30千克＋磷酸二氢钾10千克或滴灌专用肥30千克＋磷酸二氢钾10千克或滴灌专用肥25千克施入，平均次施尿素4～5千克，磷酸二氢钾2～3千克或滴灌专用肥4～5千克，在棉花打顶后一次施肥量可加大到2倍。

盖顶肥：8月上旬末随水一次滴施尿素3千克＋磷酸二氢钾1千克滴施或施滴灌专用肥3千克，以防棉花早衰。

棉花全生育期总施肥量不低于标肥量130千克以上，折化肥自然肥60千克以上。

（3）滴灌肥选择。

常用滴灌肥：

氮肥：尿素［$CO(NH_2)_2$］，硝酸铵（NH_4NO_3），硫酸二铵［$(NH_4)_2SO_4$］，氯化铵（NH_4Cl）等；

磷肥：磷酸（H_3PO_4）；

钾肥：氯化钾（KCL），硫酸二钾（K_2SO_4）等；

复合肥：硝酸钾（KNO_3），磷酸二氢铵（$NH_4H_2PO_4$），磷酸一铵［$(NH_4)_2HPO_4$］，磷酸二氢钾（KH_2PO_4），磷尿，微滴灌高效固态复合肥，各类液体络合复合肥。

滴灌专用肥：新疆农垦科学院、新疆正义化肥厂等研制的滴灌专用肥，属于固态复合肥。

5. 调控技术

（1）棉花化调技术。根据棉花长势，一般在棉花生长期内应用缩节胺等对棉花进行3～4次化调，分别在棉花的子叶期、2～3片真叶、头水前和打顶后适时、适量地施用，把棉田群体结构始终控制在最佳状态，保证群体中、下部有足够的光照。对贪青晚熟棉田，棉花吐絮期内轻施脱叶剂，脱去棉田上层叶片，以改善群体中、下部的温光条件，促进棉铃发育。

①苗期：一般在2～3片真叶期，亩喷施缩节胺0.4～0.5克，对于前期生长旺盛的棉田，在棉花子叶至1片真叶期，亩喷施缩节胺0.3～0.6克，棉花长势较弱的可不进行化调。棉花在4～5片真叶时，亩喷施缩节胺0.8～1.5克进行化调，同时可结合喷施磷酸二氢钾100克，尿素50克进行叶面施肥。

②蕾期：视棉花长势进行1～2次化调，亩喷施缩节胺2～3克，可有效地控制盛蕾初花期的旺长。

③花铃期：在棉花打顶后3～5天至花铃盛期，分两次亩喷施缩节胺5～8克，达到完全控制棉花长势，也可根据棉株长势进行点片化调。

④吐絮期：对于贪青晚熟棉田，可在酷霜来临前15～20天

左右，人工喷洒40%的乙烯利100～120克/亩。一般南疆在9月中旬，北疆在9月上旬进行，脱去棉田上层叶片，促进棉铃发育，促进棉花成熟。

(2) 整枝技术。棉花整枝包括去叶枝、打顶、打边心、抹赘芽、打老叶、去空枝等。目前在膜下滴灌棉田主要采取打顶、打边心、去空枝芽等项作业。

①打顶：适宜打定时间一般南疆7月10日至15日，北疆7月5日至10日，根据棉花的长势可适当提前或推后打顶。打顶方法应采用轻打顶，即摘去顶尖连带一片刚展开的小叶，重打顶时可打二叶一心。打顶后一般棉花株高在55～70厘米，果枝数7～10台。

②打边心、去空枝：打边心又称打群尖、打旁心，就是打去果枝的顶尖。

一般在打顶后7天进行打群尖（摘旁心），对旺长棉田南疆8月中旬、北疆8月初进行剪空枝整枝、去无效花蕾等工作。

不同区域和不同土壤质地条件下灌溉制度存在较大差异。一般情况下，北疆地区全生育期滴灌12～14次，灌溉定额3 600～4 050米^3/公顷（5 400～6 075毫米）左右；南疆地区滴灌16～18次，灌溉定额4 350～4 950米^3/公顷（6 525～7 425毫米）左右。灌溉定额随产量增加而有所提高。

7.2.2 加工番茄膜下滴灌水肥管理技术规程

1. 灌溉制度

(1) 苗期。南疆地区4月中旬移栽，复播移栽可推迟到6月中旬左右；北疆4月下旬进行移栽定植。移栽后滴缓苗水，灌水定额150米^3/公顷（225毫米）。

(2) 开花至坐果初期。根据土壤墒情和苗势适时补水，南疆地区灌水3次，灌水定额150～225米^3/公顷（225～337.5毫米）；北疆地区灌水2次，灌水定额150米^3/公顷（225毫米）。

第一水根据土壤墒情和加工番茄长势适时滴水。

（3）盛果期至20%果实成熟。这一阶段是植株生长高峰期，需要充足的水分。南疆地区灌水总量1 575米^3/公顷（2 362.5毫米），灌水5次，灌水周期5～6天，灌水定额225～375米^3/公顷（337.5～562.5毫米）；北疆地区灌水总量1 650米^3/公顷（2 475毫米），灌水5次，灌水周期5～6天。灌水定额225～375米^3/公顷（337.5～562.5毫米）。灌溉次数及灌水定额根据气象、土壤、作物生长因素酌情调控。

（4）成熟前期至采收前。加工番茄对水分的需求逐渐降低，但仍然维持较高的灌溉水平。南疆地区灌水总量225米^3/公顷（337.5毫米），通常滴水7次；灌水周期6～7天。北疆地区灌水总量1650米^3/公顷（2 475毫米），通常滴水6次，灌水周期5～10天。进行机械采收前将支管、毛管回收，以便机械采收。采收前5～7天停止灌水。

2. 施肥管理

（1）基本原则。通常依据种植加工番茄地块的土壤肥力状况和肥效反应，确定目标产量和施肥量，加工番茄的施肥应采用有机、无机相结合的原则，同时要注意施肥技术与高产优质栽培技术相结合，尤其要重视水肥联合调控。

（2）土壤肥力分级。农田土壤氮水平以土壤碱解氮含量高低来衡量，即小于40毫克/千克、40～100毫克/千克、大于100毫克/千克分别为低、中、高水平；土壤磷水平以土壤有效磷含量高低来衡量，即小于6毫克/千克、6～20毫克/千克、大于20毫克/千克分别为低、中、高水平；土壤钾水平以土壤速效钾含量高低来衡量，即小于90毫克/千克、90～180毫克/千克、大于180毫克/千克分别为低、中、高水平。

（3）基肥。在加工番茄移栽、耕翻前施入30～45吨/公顷腐熟农家肥，将加工番茄全生育期需要的全部的磷肥、钾肥以及氮肥用量的20%混匀后撒施，再将15～22.5千克/公顷的微肥硫酸锌与2～3千克细土充分混匀后撒施，然后将撒施基肥实施耕层深施。

（4）追肥。在加工番茄生长过程中，将剩余的80%氮肥分6次分别在初花期、盛花期、初果期、1厘米果期、始熟期、成熟20%果期灌水时随水滴入氮肥，以保证加工番茄高产对氮素营养的需要。

3. 配套栽培措施

（1）栽培要求。种植加工番茄要严格执行轮作制，土壤肥力中上，土层厚度50～60厘米，土壤含盐量0.5%以下，pH值7～8，前茬以小麦、甜菜、玉米、棉花均可，在前作收获后需要及时进行灭茬施肥秋翻。

（2）育苗。种植户可根据气候、墒情、机械准备情况，2月下旬3月上旬（南疆和东疆）或3月上旬（北疆地区）进行温室播种、育苗。播种前应对种子进行消毒和灭菌处理。

（3）定苗。加工番茄幼苗在3～4片真叶、株高15厘米左右、茎粗4毫米左右、茎秆发紫、根系较多能包裹住基质时进行移栽，亩留苗密度根据品种及土壤肥力情况而定，一般不超过2 900株；适时中耕，第一水根据土壤墒情和加工番茄长势适时滴水，适当“蹲苗”促进加工番茄根系发达，培育壮苗。

（4）顺秧。从7月初开始，将植株往两边分，10天分1次，分2～3次。分秧时将倒入沟内的植株扶上垅背，把植株顺着转一下，使果实及没见光的茎叶覆盖在见光的老叶上，保持植株间有缝隙，不互相挤压，植株不折断。

4. 病虫害防治

（1）病害防治。育苗期猝倒病、茎基腐病和早疫病防治：以预防为主，出现病害时，暂停喷水，降低温室内的相对湿度，喷洒恶霉灵、代锰锌等保护性药剂。

脐腐病防治：1%的过磷酸钙溶液在花期叶面喷施。隔7～10

天一次，连喷1～2次。

茎基腐病防治：喷洒72%普力克800倍液或25%的瑞毒霉800倍液。

番茄晚疫病防治：喷洒50%安克可湿性粉剂（450～600）克/（次·公顷），稀释倍数2 000～3 000，或50%克露可湿性粉剂（600～750）克/（次·公顷），稀释倍数600～800。

绵疫病防治：喷洒72%普力克800倍液，70%乙膦铝锰锌800倍液或25%的瑞毒霉800倍液。

叶霉病防治：喷洒72%杜邦克露800倍或50%速克灵1 500倍稀释液。

（2）虫害防治。利用冬耕冬灌及田间耕作消灭越冬蛹；种植玉米诱集带，应用BT可湿性粉剂400～600倍、2.5%溴氰菊酯乳油2 000～3 000倍、2.5%功夫乳油2000倍，轮换应用，在产卵高峰期和幼虫孵化高峰期施药，集中诱杀棉铃虫。

开春前对温室、大棚、室内花卉和户外黄金树等蚜虫越冬场所进行药剂处理，应用2.5%溴氰菊酯乳油2 000～3 000倍、10%吡虫啉可湿性粉剂2 000～3 000倍、灭蚜菌200倍，交替使用，防治蚜虫，同时还可采用刷废机油的黄板诱杀蚜虫成虫。

在苗期、花期和结果期应用90%敌百虫300倍液灌根处理防治地老虎。

7.2.3　玉米膜下滴灌水肥管理技术规程

1. 栽培模式　玉米种植模式分为50厘米×50厘米等行距和40厘米×60厘米宽窄行两种模式。

2. 灌溉制度　玉米生长期间，滴灌9～10次左右，每次灌水定额300～600米^3/公顷（450～900毫米）。灌溉总额4 500～5 100米^3/公顷（6 750～7 650毫米）。各生育期灌水次数、灌水时间及灌水定额见表7-2。

表 7-2　玉米膜下滴灌灌溉制度

生育期		灌水次数	灌水时间	灌水定额米^3/公顷（毫米）
播种出苗期		1	4 月 10 日左右	300～450（450～675）
苗期		2	5 月 20 日左右	225～375（337.5～562.5）
穗期	拔节期	3	6 月 28 日左右	525～600（787.5～900）
	雄穗开花期	4	7 月 7 日左右	450～525（675～787.5）
		5	7 月 14 日左右	450～525（675～787.5）
花粒期	散粉吐丝期	6	7 月 21 日左右	450～525（675～787.5）
		7	7 月 29 日左右	450～525（675～787.5）
	灌浆成熟期	8	8 月 9 日左右	450～525（675～787.5）
		9	8 月 22 日左右	375～450（562.5～675）
		10	8 月 30 日左右	225～300（337.5～450）

3. 施肥管理

（1）基本原则。依据玉米种植地块的土壤肥力状况和肥效反应，确定目标产量和施肥量，玉米的施肥应采用有机、无机相结合的原则，同时要注意施肥技术与高产优质栽培技术相结合，尤其要重视水肥联合调控。

（2）土壤肥力分级。农田土壤氮水平以土壤碱解氮含量高低来衡量，即小于 40 毫克/千克、（40～100）毫克/千克、大于 100 毫克/千克分别为低、中、高水平；土壤磷水平以土壤有效磷含量高低来衡量，即小于 6 毫克/千克、6～20 毫克/千克、大于 20 毫克/千克分别为低、中、高水平；土壤钾水平以土壤速效钾含量高低来衡量，即小于 90 毫克/千克、90～180 毫克/千克、大于 180 毫克/千克分别为低、中、高水平。

（3）基肥。在玉米播种、耕翻前施入农家肥，将磷肥、钾肥以及 20%的氮肥混匀后撒施，再将（15～22.5）千克/公顷的微肥硫酸锌与2～3千克细土充分混匀后撒施，然后将撒施基肥实施耕层深施。

（4）种肥。播种时施75千克/公顷的磷酸二铵做种肥。

（5）追肥。追肥可根据土壤养分状况和玉米的生长发育规律及需肥特性结合滴水施入，将剩余的80%的氮肥分为9次分别在苗期、拔节期、大喇叭口期（分2次滴施）、抽雄期（分3次滴施）、灌浆期（分2次滴施）随水滴施尿素，以保证玉米高产对氮素营养的需要。

4. 配套栽培措施

（1）定苗。玉米出苗显行后，开始中耕。4～5叶时定苗，注意留苗要均匀，去弱留强，去小留大，去病留健，定苗结合株间松土，消灭杂草，若遇缺株，两侧可留双苗。一般定苗密度5 000～6 000株为宜。可见叶11～12片时灌第一水，根据土壤墒情和玉米长势适当进行“蹲苗”，当苗色深绿，长势旺，地力肥，墒情好时应进行蹲苗；地力瘦、幼苗生长不良，不宜蹲苗；沙性重、保水保肥性差地块不宜蹲苗。

（2）去分蘖。玉米分蘖要及时去除，去蘖时，切不可动摇根系损伤全株。

（3）病虫害防治。应选用抗病品种，播种前用种衣剂拌种。玉米瘤与黑粉病防治：苗期至拔节期，叶面喷施好力克或甲基托布津1～2遍进行防治；地老虎防治：在种子包衣或药剂拌种的基础上，若田间仍出现地老虎幼虫，可在5月下旬用菊酯类农药连喷2次，间隔时间5～7天。玉米螟和棉铃虫防治：大喇叭口期，用1.5%辛硫磷、3%呋喃丹颗粒剂30千克/公顷，加细砂5千克拌匀灌心。红蜘蛛和叶蝉防治：早期点片发生时，立即用三氯杀螨醇1 000倍液或40%乐果乳油1 500倍叶面喷洒，突击防治；或用敌敌畏、异丙磷（200克）加锯末（或麦糠）混匀，每隔2～3行撒于行间进行熏蒸。

（4）冬（春）灌。膜下滴灌棉田通常应每年进行冬灌，灌水时间为10月下旬至11月上旬，灌水定额根据土壤盐分和土壤质地确定，通常为1 200～1 800米^3/公顷（1 800～2 700毫米）。盐碱含量高的可根据实际另行确定。

参 考 文 献

王浩，陈敏建，秦大庸，等.2003.西北地区水资源合理配置和承载能力研究［M］.郑州：黄河水利出版社：3.
黄盛璋.2003.绿洲研究［M］.北京：科学出版社.
潘瑞炽.2008.植物生理学［M］.北京：高等教育出版社.
张凤华，赖先齐.2003.西北干旱区内陆绿洲农业特征及发展认识［J］.干旱区资源与环境，17（4）：19-25.
杨小柳，刘戈力，甘泓，等.2003.新疆经济发展与水资源合理配置及承载能力研究［M］.郑州：黄河水利出版社.
贾保全，慈龙骏.2003.绿洲景观生态研究［M］.北京：科学出版社.
吕新.2010.膜下滴灌棉花水肥高效利用调控管理技术［M］.北京：中国农业出版社.
郭元裕.1997.农田水利学［M］.第3版.北京：中国水利水电出版社.
郑重.2010.绿洲节水灌溉技术［M］.乌鲁木齐：新疆大学出版社.
林性粹，赵乐诗.2001.旱作物地面灌溉节水技术（节水灌溉技术培训教材）［M］.北京：中国水利水电出版社.
汪志农.2010.灌溉排水工程学［M］.第3版.北京：中国农业出版社.
姜开鹏.2005.节水灌溉工程实用手册［M］.北京：中国水利水电出版社.
水利部农村水利司.2000.节水灌溉培训教材——管道输水工程技术［M］.北京：中国水利水电出版社.
秦为耀，丁必然，等.2000.节水灌溉技术［M］.北京：中国水利水电出版社.
李宗尧.2004.节水灌溉技术［M］.北京：中国水利水电出版社.
李远华.1999.节水灌溉理论与技术［M］.武汉：武汉水利电力大学出版社.
施埛林.2007.节水灌溉新技术［M］.北京：中国农业出版社.
水利部农村水利司.2000.喷灌工程技术（节水灌溉培训教材）［M］.北

京：中国水利水电出版社．
水利部农村水利司．2000. 喷灌与微灌设备（节水灌溉培训教材）[M]．北京：中国水利水电出版社．
赵成，任晓力．1999. 喷灌工程技术 [M]．北京：中国水利水电出版社．
马耀光，张保军，罗志成．2004. 旱地农业节水技术 [M]．北京：化学工业出版社．
陈大雕，林中卉．1992. 喷灌技术 [M]．第2版．北京：科学出版社．
夏智汛．2002. 节水农业技术研究成果：献给西部大开发 [M]．北京：中国水利水电出版社．
邵正荣，吴矿山，薛华．2008. 北方现代农业灌溉工程技术 [M]．郑州：黄河水利出版社．
GB/T 50485—2009，微灌工程技术规范 [S]．
顾烈烽．2005. 滴灌工程设计图集 [M]．北京：中国水利水电出版社．
喷灌工程设计手册编写组．1989. 喷灌工程设计手册 [M]．北京：水利电力出版社．
张志新，等．2007. 滴灌工程规划设计原理与应用 [M]．北京：中国水利水电出版社．
I. 维尔米林，G. A. 乔伯林．1980. 局部灌溉 [M]．西世良，等，译．联合国粮食及农业组织灌溉与排水丛书．
张国祥，申亮．2005. 微灌灌水小区水力设计的经验系数法 [J]．节水灌溉（6）．
李宝珠．2008. 滴灌系统设计水头与工程输配水管网投资及运行的关系分析 [J]．农业工程学报，24（13）．
张国祥，申亮．2006. 微灌毛管进口设流调器时水力设计应注意的问题 [J]．节水灌溉（1）．
傅琳，董文楚，郑耀泉，等．1988. 微灌工程技术指南 [M]．北京：水利电力出版社．
DB65/T 3056—2010，大田膜下滴灌系统施工安装规程 [S]．
DB65/T 3107—2010，大田膜下滴灌系统运行管理规程 [S]．
DB65/T 3057—2010，棉花膜下滴灌水肥管理技术规程 [S]．
DB65/T 3108—2010，加工番茄膜下滴灌水肥管理技术规程 [S]．
DB65/T 3109—2010，玉米膜下滴灌水肥管理技术规程 [S]．